中华传统文化普及丛书

中国服饰浅话

三喜题

北京尚达德国际文化发展中心　组编

高春明　编著

中国人民大学出版社
·北京·

中华传统文化普及丛书

顾　问：滕　纯　郑增仪

总策划：韦美秋

专家委员会（以姓氏笔画为序）：

王　南　王　鹏　王天明　王玉民

叶　涛　汉　风　李晓丹　李墨卿

刘元刚　孙燕南　杨　秀　肖三喜

吴望如　张　健　张　践　赵世民

祖秋阳　段　梅　贺　阳　高春明

郭书春　唐　玲　彭　珂　程　风

普颖华　翟双庆　磨东园

编委会（以姓氏笔画为序）：

于　跃　牛　彤　王　宇　韦开原

韦美秋　史　芳　刘涵沁　孙成义

李美慧　杨盛美　宋　蕾　宋雅树

张　习　高春明　钱　莉　覃婷婷

总　序

感谢"中华传统文化普及丛书"的出版！它以历史巨人的眼光俯视古今，这对于振兴中华、古为今用是功不可没的。

本套丛书包蕴广博、涉猎天下。

首先，历史是一面宝鉴，它以独特的真实照耀古今，从而清醒地记录了人类的文明。

中华文明历经数千载，以德风化育子孙，高度认可人类文明的血缘性。以"孝亲敬贤"为核心的民俗，流成永恒的智慧清泉，润泽着后人的心田。

中华文明世代相传，骨肉亲情诞生了仁德的孝亲制度，使中国成为礼仪之邦，友善外交也在历代传承不断。今日中国"一带一路"的外交国策不也充满了我们与邻邦之间互助、友爱的仁德之善吗？

当科技文明的新潮涌来时，人人皆知上有天文，世用医道，农田城建、数据运算，何处不"工匠"？本套丛书溯本追源，力述大国工匠的初心，向今人展示中华科技成就的璀璨，弘扬科技创造，鼓舞万众创新，以实事求是的精神推动社会生产力的发展。

中华民族是龙的传人，早在中华文明的摇篮期就孕育了"美丽中国梦"。在先祖博弈大自然时，就出现了原始文化群体。既有夸父逐日之神，也有女娲补天之圣。古人在希望与奋斗中，唤起人类生存的能量，充满了胜利与光明。这不正是民族自信的理想之光？

"天行健，君子以自强不息"的积极精神引导着"中国模式"的当代实践，正是"美丽中国梦"的千古传薪！

自信与创新是"梦"之真魂。中国汉字、文学、书法、绘画、音乐等，也都在承前启后，以百花盛开之势，铸魂"中国梦"。

春秋战国时期，诸子蜂起，百家争鸣，先哲们各有经典问世，成就了中华信仰文明——儒、道、兵、法等家，后有佛教传入，皆为中华信仰及思想之根。

人民是历史的主人，中华文化是中华各族人民共同创造的。纵观历史，不忘初心，继续前进。感谢各位专家奉献各自的智慧，普及中华传统文化的

中国服饰浅话

精华，造福读者。感谢编委们历尽辛劳，使群英荟萃，各显其能。

本套丛书尊重历史，古为今用；内容丰富，深入浅出。有信仰经典之正，有文韬武略之本，有科技百花之丰，有人文艺术之富，"正本丰富"可谓本套丛书的编写风格。

祝愿读者在"中华传统文化普及丛书"中，取用所需，传播社会，在世界文明的海洋中远航，使中华芬芳香满世界。

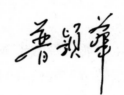

编写说明

中国是四大文明古国之一，我们的祖先创造了辉煌而丰富的文化，无论是文学艺术还是科学技术，其文明成果至今都令世人惊叹不已。英国著名历史学家汤因比曾经说过："世界的未来在中国，人类的出路在中国文明。"中华民族数千年来积累的灿烂文化，积淀着中华民族最深沉的精神追求，是中华民族生生不息、发展壮大的丰富滋养，亦是我们取之不尽、用之不竭的思想宝库。

让广大青少年在轻松愉悦的阅读中获得传统文化的滋养，以此逐渐培养他们对中华优秀传统文化的自信心、敬畏心，为国家未来的主人公们奠定创新的基石，是我们的夙愿。为了让读者尤其是广大青少年能有机会较为系统地了解璀璨的中华文明，感受中华民族文化内涵的博大精深，我们特邀数十位相关领域的权威专家、学者为指导，编写了这套"中华传统文化普及丛书"。

本套丛书包括《中国思想浅话》《中国汉字浅话》《中国医学浅话》《中国武术浅话》《中国文学浅话》《中国绘画浅话》《中国书法浅话》《中国建筑浅话》《中国音乐浅话》《中国民俗浅话》《中国服饰浅话》《中国茶文化浅话》《中国算学浅话》《中国天文浅话》，共十四部。每一部都深入浅出地展现了中华传统文化的一个方面，总体上每一部又都是一个基本完整的文化体系。当然，中华文化源远流长、广博丰富，本套丛书无法面面俱到，更因篇幅所限，亦不能将所涉及的各文化体系之点与面一一尽述。

本套丛书以全新的视角诠释经典，力图将厚重的中华传统文化宝藏以浅显、轻松、生动的方式呈现出来，既化繁为简，寓教于乐，也传递了知识，同时还避免了枯燥乏味的说教和令人望而生畏的精深阐释。为增强本套丛书的知识性与趣味性，本套丛书还在正文中穿插了知识链接、延伸阅读等小栏目，尽可能给予读者更丰富的视角和看点。为更直观地展示中华文化的伟大，本套丛书精选了大量精美的图片，包括人物画像、文物照片、山川风光、复原图、故事漫画等，既是文本内容的补充，也是文本内容的延伸，图文并茂，共同凸显中华文化各个方面的历史底蕴、深厚内涵，既充分照顾

了现代读者的阅读习惯，又给读者带来了审美享受与精神熏陶。

文化是一个极广泛的概念，一直在发展充实，多元多面、错综复杂。本套丛书力求通过生动活泼的文字、精美丰富的图片、精致而富有内涵的版面设计，以及富有意蕴的水墨风格的装帧等多种要素的结合，将中华传统文化中璀璨辉煌的诸多方面立体地呈现在读者面前。希望让读者在轻松阅读的同时，从新视角、新层面了解、认识中华传统文化，以增强文化自信；同时启迪思考，推动我们中华优秀传统文化的传承、复兴和创新发展。

前　言

衣冠不会说话，却是一面诚实的镜子，无声地演绎着大千世界。中国服饰文化是中华五千年文明的重要组成部分，自第一根缝衣针诞生起，服饰与文明就互相影响、互为印证。

隋唐年间，著名的儒家学者孔颖达在《春秋左传正义》中指出："中国有礼仪之大，故称夏；有服章之美，谓之华。"这句话既解释了"华夏"一词的来源，也告诉后人：我们之所以用"华夏"作为我们民族的名称，就是因为这个民族有"服章之美"和"礼仪之大"。中国自古就被称为"衣冠王国、礼仪之邦"，汉族的传统服饰几千年以来被万邦推崇，被子孙后代继承。而"衣冠"则成了文明的代名词，也成为华夏礼仪的重要表征。

《易经·系辞》上说"黄帝尧舜垂衣裳而天下治"，就是在说以制定衣服之制，示天下以礼。可见，早在四五千年前，我们的先人就已经注重服饰文化，并把它作为一个人乃至家国天下礼仪的象征。殷商以后，冠服制度初步建立；西周时，服饰制度逐渐完善，并形成了以"天子冕服"为中心的章服制度；西汉时，服饰文化基本定型，并形成完备的冠服体系。后来各个朝代均宗周法汉，以继承汉衣冠为国家大事，于是有了"二十四史"中的《舆服志》；有了冠冕堂皇、华裾鹤氅、霓裳羽衣这样的大美服饰；有了衣冠楚楚、峨冠博带、缓带轻裘这样的君子风度；有了衣袂飘飘、绮罗珠履、衣香鬓影这样的淑女风范。

而既凸显天人合一文化理念又彰显泱泱华夏、涵盖宇宙气象的汉服，还几乎影响了整个汉文化圈，亚洲各国如日本、朝鲜、越南、蒙古、不丹等国的民族传统服饰均具有或借鉴了汉服"宽袍大袖、交领右衽、褒衣博带、系带隐扣；注重纹章布料、足衣首服和色彩配饰"等特征。一言以蔽之，衣必精美，物必丰阜，人必礼仪，上下必称吾国吾民，这就是真正的华夏！

服饰是一个民族历史文化的重要组成部分。北魏孝文帝统治中原后，为了国家的统一，令拓跋族与汉族联姻，学习汉族的语言、服饰、制度、技术等；而清朝统治者为了削弱汉族人的民族认同感，实行"剃发易服"之制度，规定凡是服汉衣冠、束发者治重罪。在中华有史可考的悠悠数千年中，伴随

1

着朝代的更迭，服饰也在不断地发展变化。受到篇幅所限，我们没有办法去一一详述中国各朝各代以及各民族的传统服饰，只能列举部分在历史长河中曾经耀眼夺目的服饰，让读者能从中一窥古代服饰所蕴藏的丰富文化内涵。现在，就让我们一起踏上中国服饰的历史旅程，去体会蕴藏其中的中华文化吧！

目　录

第一章 头顶风度

"身体发肤，受之父母，不敢毁伤，孝之始也"，这句出自两千多年前的儒家经典著作——《孝经》的话，一方面说明了中国人对孝顺的理解，另一方面也说明了古人对"身体发肤"的重视程度。因为重视父母赐予自己的生命，所以对于身体的任何部分都不敢轻易毁伤。由此我们也就理解了古人为何不肯轻易断发，为何将"断发"当作刑罚，也就理解了古代男子为何会有那么多的冠、巾、帽，女子为何会有如此之多的发型及发饰了。

一、古人对头发有多重视

（一）剪发竟是一种刑罚

古代华夏先民最原始的状态是披发。不过，不同地域、不同民族的古人对头发的态度天差地别。比如，中原汉族地区的人从披发到辫发，再到各种不同发髻的演变，对头发都是爱护有加，从不肯轻易断发，更不用说剃发了，甚至在《周礼·秋官司寇·掌戮》中把"髡（kūn）刑"（就是强迫犯人剪掉头发的刑罚）当作常见的五种刑罚之一。比起在脸上刻字的黥（qíng）面、割掉鼻子的劓（yì）刑等残酷的刑罚，髡刑对肉体的损伤可以说没有，但为何也能成为一种刑罚呢？古人为何会如此珍惜头发呢？其实这源于中原汉族地区古人根深蒂固的思想观念：血肉之躯是父母恩赐的，不毁损身体，是孝顺父母的第一步。因此，虽然剪掉头发没有肉体上的疼痛，但是却违背了应有的孝行，所以髡刑更多的是对人精神上的折磨。

正是因为这种观念，古代人犯错误时，常常通过割掉自己的一绺（liǔ）头发来自罚。《三国志》中记载，曹操率领军队过麦田时，自己骑的马受惊践踏了庄稼，触犯了军规。曹操身为统帅，犯了军规也要接受惩罚，他假意拔剑自刎，但被手下拦住，于是就割掉一绺头发来代替首级。曹操断发正

1

向我们说明了当时居于中原地区的华夏民族视头发为生命，决不轻易断发。

不过，古代生活在北方地区的鲜卑、乌桓等游牧民族却有着髡发的习俗。髡发就是有选择性地剃掉一部分头发。髡发习俗在鲜卑、乌桓的后裔契丹族中仍保留着，五代时期的绘画作品中多有呈现，而且不仅男子髡发，连女子也会剃发。五代十国后，在中原建立过政权的少数民族还有女真族、蒙古族、满族等，也都有鲜明的髡发习俗。女真人灭掉辽国和北宋，建立金国；蒙古族攻灭金国和南宋，统一中国而建立元帝国；满族灭掉明朝，建立清朝，这每一次的政权更迭，统治者对百姓都采取过强硬的易发易服措施，甚至还因此有过血腥杀戮。表面上这些是因"头发"引起的，而归根结底却是思想观念和民族文化差异带来的矛盾！

元代男子发型（元成宗铁穆耳）

辽代契丹人发型（河北省宣化下八里村辽墓出土）

清代的剃发男子

（二）"七十二变"的发型

古人最初的发型几乎没有性别差异，在文明程度渐渐提升的过程中，才开始有了男女差异。如对于距今约八千年的原始岩画上披发的先民和距今约五千年的彩陶盆上扎着辫子跳舞的小人，我们都辨不清男女。不过，我们却可发现古人的发型随着时间的演进发生了变化，逐渐由简单变得复杂且精致。

原始岩画上的先民发式（内蒙古乌海市桌子山召烧沟遗存）

梳短辫的舞蹈者（青海西宁大通县上孙家寨村出土彩绘陶盆）

梳双股大辫的战国妇女（传河南洛阳金村出土铜人）

到了夏商周时期，男女的发型逐渐有了区分。东周时女子几乎都长发及腰，为了赶潮流，有些女子甚至还在尾端接上假发，以使自己的辫子看起来又粗又长。春秋战国时，古人的发式有了很大的变化，编辫子的人越来越少，发髻（jì）逐渐流行开来。充满才情智慧的先民细心呵护一头青丝，将其绾（wǎn）成了美观大方的发髻。发髻拥有明显的性别差异，男子发髻的款式远不如女子的丰富，在"周礼"的约束下，男子成年后必须戴巾或冠，过于花哨的发型是很难把巾或冠戴整齐的。正因如此，那些款式多样、材质多变的首服，便弥补了男子发式较为单一的遗憾。

女子发髻开始广为流行且样式丰富多变当数汉代，史书中存有名称的发髻就有十几种，比如有垂云髻、飞仙髻、瑶台髻、九环髻、椎（chuí）髻、堕（duò）马髻等。在这众多发髻中，最受女子们欢迎的当数椎髻和堕马髻。

梳椎髻的滇族妇女（云南昆明晋宁区石寨山 20 号墓出土铜俑）

古代有一种木制的洗衣工具，叫作"椎"，它头粗柄细，椎髻因形状与它相似而得名。椎髻绑扎简单，古代普通女子在家劳作时多梳椎髻。典故"举案齐眉"中便有关于椎髻的记载。东汉有一位才华横溢的读书人叫梁鸿，虽然他家境贫困，但很多富贵人家的女儿都想嫁给他，然而梁鸿却不为所动。同县孟姓人家有一个已经三十岁了还没有嫁人的女子叫孟光，这女子相貌平平，却宣称只嫁像梁鸿那样贤能的人，梁鸿得知后就聘娶了她。孟光盛装嫁入梁家后，每天打扮得花枝招展。而梁鸿虽然自愿聘娶孟光，却一连七天都不搭理她。孟光暗自思索，明白梁鸿并非凡夫俗子，娶妻乃为娶德，于是"乃更为椎髻，着布衣，操作而前"。每当梁鸿外

出归来，孟光都将做好的饭菜放在食案上，用双手高举至齐眉，来表达对夫婿的敬爱，这便是形容夫妻相互尊敬的典故"举案齐眉"的由来。

堕马髻相传始于宫廷贵妇，据载是汉顺帝时期把持朝政的大将军梁翼的

妻子孙寿发明的。孙寿美丽妖娆，又擅长打扮自己，她把椎髻置于头侧，使其下坠，看起来像从马上刚刚摔下来，别具一番风情，所以得名堕马髻，又被称为"梁氏新妆"。

除此之外，汉代还流行各类高髻，如《后汉书》中有这样的记载："城中好高髻，四方高一尺。"

梳堕马髻的唐代妇女（唐·张萱《虢国夫人游春图》）

城中好高髻，四方高一尺。城中好广眉，四方且半额。城中好大袖，四方全匹帛。——汉《童谣歌》
"广袖高髻"后用来形容一地风俗奢荡。

魏晋南北朝时期出现了流传甚广的"灵蛇髻""飞天髻"等高髻，这些发式可令面容灵动而富有神采，因而深受宫廷女子的青睐。

灵蛇髻发端于三国，相传是魏文帝的皇后甄氏创制的。据说甄氏入主魏国皇宫后，寝殿里来了一条绿蛇，这条蛇每天都会变化盘踞的姿势，所以甄氏每天便根据蛇形来绾发髻。时日久了，宫人们也竞相模仿，这种灵动多变的发髻便被称为"灵蛇髻"。

梳灵蛇髻的魏晋妇女（东晋·顾恺之《洛神赋图》）

三国时出现的"云髻"，也是女子们喜爱的发式，初唐画家阎立本《步辇图》中的宫女就梳这种发式。缕缕青丝如云朵般盘绕在头上，给人空灵清雅之感。唐代时形似螺壳的"螺髻"也深受大家的欢迎。螺髻本为佛像头顶之髻，白居易的《绣阿弥佛赞》一诗中便有提及："金身螺髻，玉毫绀（gàn）目。"后来螺髻逐渐流行于宫廷中，成为女子们的日常发式之一。

梳云髻的宫女（唐·阎立本《步辇图》）

单螺髻和双螺髻

梳螺髻的妇女（山西太原金胜村唐墓出土壁画）

看到古人那么多高难度的发型样式，我们不禁心生疑问：古人是如何打理头发的呢？《诗经》里曾提到一种名为"膏沐"的润发油，想来在春秋战国之前，人们就已经学会护发了。还有记载说，在南北朝之后，人们便已经开始用蛋清、蜂蜜、芦荟汁来保养头发了。在唐代，刨（bào）花水作为一种纯天然的定型发胶被创制出来，它的出现更是促进了发式的丰富。而如果想要头发尽快散开，古人还发明了名为"发"的洗头膏。

古人的发式千姿百态，不一而足，在不同的人生阶段，他们的发式有着极大的区别。男童、女童多将头发束在头顶，左右各梳成一个小髻，因集发为髻，所以有"总髻"之名，又因这发型有点像牛角，因而还有"总角"之名。总角的历史很久远，早在秦汉之前就成型了，如在《诗经·卫风·氓》中就有 "总角之宴，言笑晏晏"这样的描写。

随着年龄的增长，男子在二十岁就要举行冠礼，女子在十五岁就须举行笄礼，以表示成年。这时，男子须将头发合起来梳成一个发髻，女子则会梳着左右对称的双髻。因为女子的双髻和树枝的丫杈相似，所以又称为"丫髻"或"丫头"，宋代陆游《浣花女》一诗中便有" 江头女儿双髻丫，常随阿母供桑麻"之句。在后世的演变中，"丫头"还成了年轻女子的代称。

丫鬟是与丫髻类似的发式，又被称为"鸦鬟"，只不过丫髻高于头顶，而丫鬟则多垂于耳际。按照古代礼法规定，两种发型的适用年龄不一样，年幼的小女孩儿会梳丫髻，成年后就会梳丫鬟。因古代婢女常会梳这种简单低调的发式，所以后来"丫鬟"也就成为婢女的代称。

唐代丫髻

古代男女缔结婚姻时会有一个非常隆重的仪式——结发，所以有诗句说："结发为夫妻，恩爱两不疑。""结发"最初与丫鬟这种发式有关，古代男女结婚，举行婚礼时双方父母主持结发之礼，通常是新郎端坐左边，新娘紧挨新郎坐于右侧，双方分别解下髻和鬟，各取一绺头发编在一起，完成"合髻"仪式，也就是结发。结完婚的女子就不再梳双鬟，而改梳前文提到过的各种发髻。

在礼法制度森严的古代，那些从未嫁出去的女子，直到白发苍苍也要梳双鬟。正如唐代大诗人杜甫在《负薪行》中所提到的："夔州处女发半华，四十五十无夫家……至老双鬟只垂颈，野花山叶银钗并。"由此可见，古代女子的发式还是是否成婚的一种标志，如果没有结婚，就不能梳那些美轮美奂的发式。

在古代，虽然女子们"大门不出、二门不迈"，几乎没有走出深闺庭院的机会，在未嫁人之前，听凭父母的安排，嫁人之后相夫教子，顺从夫君的心意。但无论是大家闺秀、小家碧玉还是山野村妇，对美的追求都从未停止过，她们挽起青丝对镜莞尔的模样定格在残存的画卷、文物上，让我们有机会一窥她们昔日的芳华。

（三）"巾帼英雄"的由来

古代女子的发式大多是垂髻和高髻，而高髻因清爽飘逸更受古代女子们的欢迎。如果要梳高髻，一头浓密的长发是必不可少的，所以为了追赶风尚，假发髻便成了女子装扮的必需品。假发髻出现的历史要追溯到先秦，据《左传》记载，春秋时期的卫庄公看到臣子妻子的头发长而丰，于是便叫人剪了，来装饰自己妻子的头发。秦汉后，用假发的习俗沿袭不衰，而当时有许多贫穷的女子买不起假发，就不得不向别人借假发戴，这就是所谓的"借头"。

假发在历史上有许多称呼，如"蔽髻""缓鬓"以及"巾帼"（以发丝做的头饰，佩以头巾）。因自汉代后巾帼是女子专用的，所以后来就成了女子的代称。如果想要说女子不比男子差，便可说"巾帼不让须眉"，因为"须眉"是指男子的胡须与眉毛；如果想要夸赞女子，也可以说"巾帼英雄"。

戴巾帼的汉代女子
（东汉说唱俑）

古代女子以长发为美，尤其是在盛行高髻的时代，头发的长短、疏密成了衡量女子美貌的标准之一。历史上便有以"美发"而留名的美女，比如，《东观汉记》记载："明德马后美发，为四起大髻，但以发成，尚有余，绕髻三匝。"

到了清代，假发在满族女子的头上得到了重新诠释，成为颇具特色的"旗髻"。满族女子的传统发髻需要把头发分成两把，在头顶梳成一个扁平形发髻，然后插上各类首饰，脑后的头发处理成燕尾状，垂于颈背，因其形状而俗称为"一字头"或"两把头"。最初"一字头"是以真发梳成，而到了咸丰年间，受汉族女子高髻的影响，满族女子的发髻也越来越高，出现了"高如牌楼"的假髻，被称为"大拉翅"。大拉翅不用头发，而是用黑色丝绸制成，使用时套在头上即可，上面还有绢花、穗子等饰物。

梳旗髻的满族妇女（清人《贞妃常服像》）

戴大拉翅的清代妇女（传世图照）

二、女人的首饰，男人的冠帽

（一）古代男女的成人礼

古人将头发绾起，用什么来固定呢？最初，无论男女都用"笄（jī）"，这种首饰可以插住绾起的头发或插住冠帽，以免滑坠。说到"笄"，我们便不得不先说说古代女子的成人礼——笄礼。戴"笄"是女子的成年标志，此时便可谈婚论嫁了，通常父母要为女儿举行一个盛大的"及笄礼"，并请一位富贵的女性长辈来替女孩绾发插簪。已经许嫁且年满十五岁的女孩，在及笄礼后就要把头发绾起来，而且还要在发髻上缠一根五彩缨线，表示心有所系。没有许嫁且年龄超过十五岁的女孩，最迟也要在二十岁举行笄礼，不过笄礼之后却还是要恢复原来的丫髻发式。

骨笄（河南安阳殷墟妇好墓出土）

古人形容女子未嫁时常用"待字闺中"一词，那"字"是什么意思呢？原来在古代，不论男孩女孩出生后都是先起名，只有在举行过成人礼后才有"字"。古人认为，男女成年后，同辈之人直呼其名不便，便取一与本名含义相关的别名，称为字，以表其德。比如，清代著名女画家恽（yùn）冰，字清於（yū），"清於"就是在举行了及笄礼后才有的称呼，也是女子出嫁之后朋友、同辈们可以直呼的称呼。

古代男子在二十岁时举行表示成人的冠礼，所以"弱冠之年"便是指男子二十岁。男子的冠礼比女子的笄礼更隆重，通常在家族宗庙里举行，时间由父亲占卜决定，主持加冠之人也由父亲定夺，届时还会请众多宾客来观礼。虽然男子在成年的时候都会举行冠礼，但其实冠冕是身份地位的象征，所以平民百姓是不能戴冠的。据《周礼》记载，士以上阶层男子在加冠礼后可戴冠，平民男子则只裹一块称为缁（zī）布冠的头巾，而这种制度也

一直延续到明末清初。举行冠礼后，男子从此步入成人阶段，须遵循成人的礼仪规范，有了择偶成婚的资格，并和女子一样有了除了名之外的另一个称呼——"字"。

春秋时，士指卿大夫的家臣，有的以俸禄为生，有的以种地为生。战国以后，士逐渐成为统治阶级中知识分子的通称，指脱离生产劳动的读书人。

因男子束冠，所以有很多有趣的成语和戴在头发上的冠有关。如"怒发冲冠"，指愤怒的头发直竖，顶起发冠。相近的成语还有"发怒冲冠""发上冲冠"，"壮发冲冠"虽然与它们形似，但它是用来形容男子气概豪迈的成语，而不是指愤怒生气。

（二）首饰盒里的故事

秦汉之时，发笄之名逐渐被发簪替代，而它也不再单纯地被当作绾发之物，还成了身份财富的一种标志。粗陋的石簪、木簪、骨簪逐渐被淘汰，取而代之的则是越来越精致的银簪、金簪、玉簪等。

金凤簪（江西南城长塘街明益庄王朱厚烨墓出土）

明累丝嵌宝石金凤簪（首都博物馆藏）

中国自古就有"黄金有价玉无价"的说法，在各类材质的簪子中，古人更偏爱玉簪。据说汉武帝曾在李夫人那儿用玉簪挠了挠头皮，宫人们瞧见了，便开始效仿。后来用玉簪搔头成为一种风尚，甚至没玉的人也要借玉附庸风雅一下，这便有了"玉搔头"之谓。

"谦谦君子，温润如玉""君子无故，玉不去身""君子比德于玉"，集深沉厚重、柔和含蓄于一身的玉，看起来温和内敛，但本质刚健，因而古人以玉的品格象征君子的性情，认为美玉代表美德，所以古人都喜欢佩戴玉饰，并且还给我们留下了许多关于玉的成语，如"抛砖引玉""金玉良言""宁为玉碎，不为瓦全"等。

除了发簪，女子们首饰盒中必备的还有一类叫作发钗（chāi）的首饰。与发簪不同的是，发钗分为两股，形状像树枝杈，因此，发钗最初被写为"叉"。发钗取材广泛，石钗、木钗、银钗、金钗、玉钗等都有出现。金钗贵重，只有贵族女子才置办得起。银钗次于金钗，士庶女子一般戴银钗，而贵族女子在守孝时也会戴银钗，取其色白之意。铜钗较金钗、银钗便宜，但对家境贫寒的姑娘来说却也很贵重，正如唐代诗人王建在《失钗怨》中说："贫女铜钗惜于玉，失却来寻一日哭。"虽然铜钗在贵族看来不值一提，但是鎏（liú）金铜钗却

鎏金银花钗（陕西西安唐墓出土）

受到各阶层女子的喜爱。这种钗是铜芯，"铜芯"谐音"同心"，因而经常被当作男女之间的爱情信物，寓意着百年好合，永结同心。

还有一种钗微不足道，但却常被提及，那就是"荆钗"。荆钗，顾名思义，就是用荆条制成的钗，它最初是农家村妇常用的首饰。《烈女传》中记载，贤士梁鸿与妻子孟光归隐山中，孟光每日着荆钗布裙。后来，人们便用"荆钗"代指贫妇。而每当有男子在外面提及自己的妻子时，都会称

之为"荆妇"或"拙荆"，这其实就是从荆钗引申而来的。

当相对呆板的发笄、簪子、发钗不能再满足爱美的女人时，灵动的步摇便牢牢占据了女人首饰盒中的重要位置。单从"步摇"的名字就不难看出，这种饰品戴在头上，自然是一步一摇，摇曳生姿，尽显女人的灵动与柔媚。步摇的主体类似发簪、发钗，只是在簪首或钗首上垂挂珠串。据载，战国时期已经有女子头戴步摇，汉代刘熙的《释名》中说："步摇，上有垂珠，步则摇也。"

步摇在之后的发展中，其形制越来越丰富。魏晋南北朝时期是步摇发展的黄金时期，这时候的步摇有两种基本形制：一种呈花枝状，直接插于发髻上；另一种则和冠相结合，被称为"步摇冠"。据史书记载，在三国时，鲜卑族首领莫护跋率领族人迁居辽西，见当地有很多人都戴着步摇冠，莫护跋很喜欢这种步摇冠，于是把披散的头发梳起，也戴了一顶金光闪闪的步摇冠。他的臣子见到都称之为"步摇"，音讹为"慕容"，甚至后来整个部族都改姓"慕容"。

精致的发簪、实用的发钗、灵动的步摇，不仅装点了女子们的容颜，还为她们深居简出的生活增添了乐趣。而无论是精美的发饰，还是女子们娇媚的容颜，都曾激发过无数诗人和画家的创作灵感，为后世留下了诸多描绘倾城容姿的诗句和精妙绝伦的画作。

（三）古人的簪花习俗

簪花，即戴花，是古代的一种妆饰风俗，在秦汉时便已成俗，并且一直延续到了清代。古代女子对簪花的执着不亚于对发饰的热爱，而且这种装饰简单易得，还有众多花样可以变换，所以不论是宫廷贵妇还是普通百姓都喜欢簪花。

宋人周密在《武林旧事》中记载，南宋时因头戴鲜花成为女人们的装扮时尚，以致市面上的鲜花价格翻倍。但鲜花不仅容易凋谢，还受季

簪花的唐代妇女（唐·周昉《簪花仕女图》局部）

节的限制，因而抓住商机的能工巧匠便制作了各式假花，甚至取名"像生

簪花的宋代妇女（宋·李公麟《簪花仕女图》）

簪花的清代妇女（清《玫贵妃春贵人行乐图轴》局部）

以绢帛制成的假花（新疆吐鲁番阿斯塔那唐墓出土）

花"。这些栩栩如生的像生花一经问世就很快受到了各阶层女子的青睐，风靡一时。其中有一种用丝绒制成的假花，色彩浓重，且谐音"荣华"，甚至成了新娘头上的装饰，寓意着婚姻幸福、荣华富贵。

在古代，簪花绝不是女人的专利，宋代以后，男子同样喜欢簪花。他们通常将花插在幞（fú）头或帽子上面，俗称"簪戴"。当然，男人们不是时时刻刻都戴花，只有在喜庆的日子才会簪花，比如婚礼庆典、金榜题名的时候。而此时，其他的男性亲友们也会满心欢喜地头戴花朵前来庆贺！宋代李唐的《春社醉归图》中便有一位胡子花白、醉眼迷离的老者，头上插满了鲜花，看起来颇具生活情趣。

簪花的宋代男子（宋·李唐《春社醉归图》）

在古代，爱美的女子会在脸部，特别是额上，描绘花卉图案以修饰面容，有的甚至贴上金箔、翠珠以显示自己的与众不同，这种花饰被称为"花钿"。据载，花钿起于南朝宋武帝的女儿寿阳公主，传说一日寿阳公主卧于殿檐下休息，微风吹下梅花落在她的额头，留下梅花的印记，久洗不掉，爱美的宫人纷纷效仿，并给这种妆容起了一个好听的名字，叫"寿阳落梅妆"。

（四）古人的冠礼世界

古人戴冠的习俗由来已久，最初的冠主要起装饰作用。而人们戴冠的灵感则来源于动物的角，有类似牛角的，也有类似羊角的。随着时代的演进，冠不再仅仅是装饰品，还成了一种身份和地位的象征，于是"冠制"便随之产生了。

带羊角形冠的西周人物（陕西宝鸡茹家庄西周墓出土持环铜人）

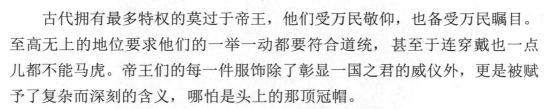

篆文中的"冠"字写为"冠"，冂表示"帽子"，人表示"人"，寸表示"寸，抓"，意为将帽子戴在头上。东汉许慎的《说文解字》中说："冠，卷束。"指冠就是用来卷束头发的饰物，也是戴帽子动作的泛称。

古代拥有最多特权的莫过于帝王，他们受万民敬仰，也备受万民瞩目。至高无上的地位要求他们的一举一动都要符合道统，甚至于连穿戴也一点儿都不能马虎。帝王们的每一件服饰除了彰显一国之君的威仪外，更是被赋予了复杂而深刻的含义，哪怕是头上的那顶冠帽。

夏代，天子的礼冠叫作"收"，到了商代称作"冔（xú）"，周代以后则称作"冕冠"，简称"冕"。西汉戴圣的《礼记·礼器》中记载，冕冠上的"冕版"两端垂挂数串珠玉，一串珠玉被称作一"旒（liú）"。不同身份、官阶的人，在祭祀时所戴的冕冠上旒的数量是不同的。皇帝为天下至尊，所戴的冕冠旒数最多，有十二旒；次之则为一方诸侯，有九旒；之后便是上大夫有七旒，下大夫有五旒，士有三旒。除了旒数这一重要的区分，旒上珠子的颜色也有很大的不同，如天子的是白玉珠、诸侯的是青玉珠等。

十二旒冕冠

祭祀天地是神圣庄严的国家大事，作为"上天之子"的帝王自然是活动的主角。出席活动的帝王要戴十二旒冕冠，这十二旒冕冠处处皆有深意：

冠顶覆盖的长方形冕版前圆后方，象征着"天圆地方"。"冕版"前低后高，表示"俯伏谦逊"。"冕版"前后各挂十二旒且每旒包含十二颗珠玉，意在警戒天子"非礼勿视"，即便看了不该看的也要"视而不见"。冕版下被称作"冠卷"的冠身两旁各有一个小孔，用来贯穿固定发髻（jì）和冕冠用的玉笄，两耳旁各有玉石，叫作"充耳"，意在警戒君王不要听信谗言。

不过遗憾的是，天子祭祀的冕冠在战国时代频繁的战乱中失传了，所以汉朝一统江山后找不到祭祀可以用的礼冠，于是有人便提议用汉高祖刘邦在发迹前所戴的一种冠饰为礼冠，这就是沿用了好几个朝代的长冠。长冠以竹皮编制，细长无旒，又被称为"刘氏冠"，远没有先秦时的冕冠威严。所以，到了东汉明帝时，朝廷命学者们参照古籍，重新制定冕冠制度，至此，冕冠制历代承袭，经久不衰。不过如此"累赘"的礼冠，不需时时刻刻顶在头上，冕冠只有在天子祭祀或其他重大场合才戴，当然，此时跟随天子一起参加活动的大臣也要按照品级戴冠。除此之外，天子、诸侯和官员们在朝会、燕享、出征等场合另有冠饰。

长冠

帝王在朝会和燕享时所戴的冠名为"弁（biàn）"，最初用鹿皮制成，又被称作"皮弁"，后来还出现了藤或竹编的弁。

朝会：古代臣见君为"朝"，君见臣为"会"，合称朝会。

燕享：亦作"燕飨（xiǎng）"，指古代帝王饮宴群臣、国宾。

戴皮弁的隋朝皇帝（唐·阎立本《历代帝王图》）

戴通天冠的帝王（唐·吴道子《送子天王图》）

通天冠是皇帝专用的朝冠，本为楚国冠饰，在秦朝统一六国后，被确立为天子首服，用于天子郊祀（sì）、朝贺以及燕享。

郊祀：古代于郊外祭祀天地的活动，一般是南郊祭天，北郊祭地。

中国传统的冕冠制度在秦汉时基本成熟，后世历朝历代都有继承和发展。不过，到清朝时，满族人入主中原前，已经有了本民族完整的服饰制度，所以清军入关后，便强令汉族人遵循满族人的冠服制度。自此，中国传统的冕冠制度被废除。

清代帝王的朝冠独树一帜，与历史上的朝冠有着很大的区别。他们的朝冠有冬夏之分，冬天的朝冠冠体为圆顶呈斜坡状，冠周围有一道上仰的檐边，用貂皮或黑狐皮制成，其上还有红缨及三层宝顶；夏天的朝冠则用藤竹等编成锥形，下檐外敞呈双层喇叭状，宝顶形式与冬冠相同。

咸丰皇帝冬朝服像

戴夏朝冠的康熙皇帝像

　　说完帝王冕冠，让我们一起来看看官员、文士们的冠有哪些样式吧。汉代伊始，文官、儒士的朝冠叫作"进贤冠"。汉代没有科举制度，新晋的官员都是通过文官们的举荐而为官的，"进贤冠"之名便是由此而来。进贤冠上面缀梁，梁柱前倾后直，梁数可昭明身份，梁数越多，官位越高。隋唐之后，虽然用科举制度来选拔人才，但是进贤冠之名仍被沿用。不过明代时，进贤冠更名为"梁冠"，仍是朝中百官中文官的标志。

戴进贤冠的晋代陶俑（湖南长沙西晋墓出土）

戴进贤冠的宋代文吏（宋·佚名《九歌书画卷·礼魂》）

　　相对于进贤冠，武将的"武冠"之名则很简单直白。战国时，赵武灵王之子赵惠文王曾戴过一顶形如覆箕的冠，冠两边各插一支鹖（hé）羽，史载

为"赵惠文冠",也称"鹖冠"。"鹖性好斗,至死不却",鹖冠便成了表示武士之勇的武冠。秦始皇统一六国后,沿用鹖冠为武将之冠。因冠体高大,武冠又被称为"大冠",此后还有"武弁""繁冠""笼冠"等名。不过汉代时,皇帝宠信的近臣、宦官也会戴武冠,为了与武将区别,他们会在冠上附上一块名叫"金珰"的饰物,并在冠侧饰以貂尾。所以在后世,"金珰"便成了皇帝宠信的近从及达官显贵的代称。

> 冕冠在古代只有皇帝及贵族、官员才能戴,而老百姓只能用布帛包头,所以流传至今的很多跟冠有关的成语都和官场有关。如"冠冕堂皇",形容外表庄严或正大的样子;"冠盖相属(zhǔ)",形容政府的使节或官员一路上往来不绝,也指世代仕宦相继不断;"弹冠相庆",指官场中一人当了官或升了官,同伴就互相庆贺将有官可做;"挂冠归隐",指把官帽取下挂起来,比喻辞官归隐;"沐猴而冠",指猴子穿衣戴帽,装成人的样子,比喻虚有其表,常用来讽刺投靠恶势力而窃据权位的人。

除了文官武将外,朝堂上还有执法者,他们又戴什么冠呢?古代法官所戴之冠很有特点,一般用铁做冠柱,意为戴冠者具有坚定不移、威武不屈的品格。因此,法官的朝官被称为"铁冠"。铁冠上还有一角,是传说中能辨是非曲直的神兽獬(xiè)豸(zhì)之角,因而铁冠又被称为"獬豸冠"。据说獬豸冠是战国时期的楚文王创制的,秦灭楚后,秦始皇将它定为秦国的法冠,之后历代沿用。到明清时期,獬豸图案被绣在执法者的官服上,从此法官才不再戴獬豸冠。

清代时,与皇冠一样,与前朝不同的还有朝臣们所戴的朝冠——顶戴花翎。顶戴花翎上布满红色的帽纬,帽子的顶端有用宝石制成的顶珠,根据帽顶珠宝的颜色、材料和数量可以区分官阶的高低。帽子后方还拖着一束孔雀翎,这就是"花翎",不同的花翎代表着不同的官品。

《鄂辉像》(局部)(鄂辉头戴冬朝冠——红宝石帽顶、单眼孔雀翎,披领)

清代衍圣公夏朝冠

按照清代的冠服制度，冠顶上的顶珠为一品红宝石，二品珊瑚，三品蓝宝石，四品青金石，五品水晶，六品砗（chē）磲（qú），七品素金，八品阴纹镂花金，九品阳纹镂花金，要是没顶珠就是没官品。

清朝朝冠的顶珠下有翎管，质地为白玉或翡翠，用来安插翎枝。"翎"又分花翎和蓝翎。花翎是孔雀羽所做，蓝翎是鹖羽所做。花翎分一眼、二眼、三眼，其中三眼最为尊贵。这"眼"指孔雀翎上像眼睛的圆圈，一个圆圈就是一眼。蓝翎又叫作"染蓝翎"，是用染成蓝色的鹖鸟羽毛做成的，没有"眼"，用来赐给六品以下官员或在皇宫、王府当差的侍卫等，也赏赐给建有军功的低级军官。

头戴凤冠的宋高宗皇后像

在古代，不光男子戴冠，女子在某些场合也可以戴冠。据载，秦始皇就曾令后宫嫔妃在夏天戴"芙蓉冠"，不过这种冠五颜六色，一般不登大雅之堂，更不能戴它行礼。古代用于行礼的女冠尤重凤冠，凤冠最初只是一种饰品，到宋代时被定为礼服，成为宫廷贵妇的心头之好。

到了元代，驰骋在大草原的蒙古人入主中原，因为他们经常骑马行走在草原上，所以会戴一种高耸于头顶的冠，冠体越高，越容易辨认，这种冠被称为"顾姑冠"。顾姑冠是元朝贵妇的礼冠，不过这种冠的冠体太高，乘车外出或出入门楣时，会带来很多麻烦。所以，当明取元而代之的时候，顾姑冠也湮灭于历史的长河中了。

明代时，凤冠风光无限，成为皇后和嫔妃的专属，其他女子不能私戴。内外命妇的礼冠虽形似凤冠，但其上的装饰不是凤凰而是金翟（dí）。虽然有法令明文规定，但是一些权贵为了炫耀自己的财富，私下里会为自己的眷置办各种凤冠，甚至这些凤冠比后妃的还要精美。当这种僭越的行为泛滥不止时，朝廷也就放任自流了，所以民众也将命妇的礼冠混称为"凤冠"。

戴顾姑冠的元代贵妇（故宫南薰殿
旧藏《历代帝后像》）

戴凤冠的明代皇后（故宫南薰殿
旧藏《历代皇后像》）

　　　　　　　凤作为华夏民族崇拜的图腾之一，是中国古代传说中的
　　　　　百鸟之王，被看作祥瑞的象征，也是尊贵身份、地位的象征。
　　　　　　　命妇，俗称"诰命夫人"，官员的母亲或妻子有机会被
　　　　朝廷封为命妇。历代王朝妇女的封号都根据丈夫或儿子的官
　　　　爵高低而定，唐以后形成制度。
　　　　　　　翟，长尾的野鸡。

　　清朝建立后，历代沿袭下来的服饰制度被废止，只有形制稍有变化的凤
冠被保存了下来，只是为了区别于明代的凤冠而被改称为"朝冠"。

明代凤冠（北京定陵出土）

清代皇后冬朝冠

（五）帽子的进化史

在古代，冠是为了美和显示身份的，而帽子最初的功能便是御寒。帽子这种御寒"神器"，最早出现于冬季漫长而寒冷的北方，现今出土的古帽实物多见于北地。而在中原地区，人们除了给孩子御寒保暖外，通常不戴帽子。东汉许慎在《说文解字》中对"帽"的解释就为孩子或胡人的"头衣"。

毡帽（新疆若羌县小河墓地出土）

毡帽（新疆且末扎滚鲁克古墓出土）

东汉晚期，随着汉族和西北少数民族的交流日益增多，不同民族的服饰也互受影响。相传三国时魏武帝曹操进行了一次"帽子革命"，他改造了鹿皮弁，用缣（jiān）帛（一种粗厚丝织物的古称）代替了鹿皮这种稀有昂贵的材料，设计出了尖顶、无檐、前面有缝隙的帽子，当时这种帽子被称作"帢（qià）"。在曹操的名人效应下，"帢"很快便流行起来了。因帢的样式和西域的帽子很相似，所以人们将"帢""帽"混称。晋六朝时，人们戴帢已经很普遍了，不过这时几乎都称为"帽"了。人们不再认为帽是"蛮夷头衣"，"帽"也渐渐成为首服总称。

戴帢的男子（甘肃嘉峪关晋墓壁画）

新疆尼雅遗址出土的饰有茱萸、云气和人物纹样的帢式锦帽

不同颜色的帢表示的地位、身份不同。帢流行期间，白色最受大家喜爱。东晋晚期，有人觉得白色帢戴在头上像丧帽，不吉利，因此风行一时的白帢被人们舍弃。后来人们对"帢"的读音也产生了异议，觉得它和"掐死"的"掐"同音，不吉利，所以最后决定服丧时才戴帢。

南北朝时，帽子的样式、材质非常丰富，不同时节人们戴的帽子也不同，比如用于御寒的叫暖帽。"风帽"便是最常见的一种暖帽，因它能抵挡寒风，故而得名。风帽通常由厚实的双层布帛制成，中间填充丝绵，也有的用皮毛制成。风帽的显著特点是被制成布兜状，帽子宽可护耳，长可垂到后背，遮护肩背。南朝齐国皇族萧谌（chén）曾对风帽进行改造，他把风帽的后裙缚起，垂结于后，俗称"破后帽"。破后帽一经上头，很快便流行开来，后来甚至还出现了圆顶、尖顶等不同的款式。风帽后来又演变为多用于武士的

戴宽檐风帽的唐代妇女

"突骑帽"，甚至还进入女子的生活中，成为女子日常所戴之帽。

南北朝时的帽子种类多样，春夏之际戴的纱帽便与风帽并驾齐驱，深受人们欢迎。纱帽用质地薄、透气性好的纱縠（gǔ）制成，既实用又美观，上到帝王将相，下到寻常百姓，都是一顶纱帽不离头，只不过贵族阶层多戴白色，平民百姓戴黑色。轻薄的纱帽一不留神就会被风吹落，所以戴的时候得格外小心。据载，晋代名士孟嘉参加宴会时，被忽然刮来的一阵风吹落了帽子。众宾客看到孟嘉的发髻露在外面，便嘲笑他的失礼之态，甚至还有人作诗挖苦他。面对这种尴尬的场面，孟嘉却很淡定，依旧侃侃而谈，他的翩翩风度让周围人叹服不已。这件事迅速流传开来，以至于"风落帽""落帽""孟嘉帽"在后世成了典故。

关于帽的常见成语(俗语)："孟嘉落帽"，形容才思敏捷，洒脱有风度，与"龙山落帽"相近；"乌帽红裙"，泛指男女；"脱帽露顶"，指不受礼仪的约束；"好戴高帽"，比喻喜欢别人吹捧，喜欢听奉承讨好的话；"青衣乌帽"，指平民的装束；"鞭丝帽影"，指马鞭和帽子，借指出游；"丢帽落鞋"，形容紧急、匆忙的样子；"穿靴戴帽"，指穿着衣服鞋帽的方式或习惯，比喻在写文章或讲话的前后硬加进一些例行的政治说教。

帽子发展到唐代，更是繁复多姿，琳琅满目，而这主要得益于唐朝开放包容的时代特征。唐代时，中原与外域的交往日益密切，而外域的服饰对汉族服饰产生了很大的影响，譬如说在帽子上，便有了许多从未有过的新款式。因一曲《胡腾舞》在中原流行，各式胡帽便被爱美的女子戴在头上。这些帽子有"珠帽""搭耳帽""浑脱帽"，其款式别致美观，且保暖，因而成为众多女子的挚爱。宋代时，因与外族关系紧张，朝廷排斥异族文化，这些美丽而充满异域风情的胡帽等服饰，渐渐地又被政府取缔，只有舞姬乐伎表演时才能戴。

戴珠帽的唐代女子（陕西西安唐韦顼墓出土石椁线刻画）

戴搭耳帽的唐代女子（新疆吐鲁番阿斯塔那唐墓出土屏风绢画）

珠帽：跳《胡腾舞》时戴的帽子，帽子上绣有纹饰，附有珠饰。

搭耳帽：有护耳，根据需要可上下反搭，故而得名。

中国服饰浅话

（六）头巾"升值"记

在古代，除了冠、帽，头巾也是一种很重要的首服，而且还有很多款式，总体而言有几大类：第一类是方形布帛的形式，用的时候裹在头上再系在脑后，称为幅巾；第二类是把布帛卷成条状，从后向前系在额头上，称为幧（qiāo）头；第三类是把布帛的四角接长，两角向额头的方向系，剩下的两角绕到头后边系，并且下垂，称为幞头。这三类都是要临时系的，还有一些头巾是缝制好的，无需再裹系，直接戴上就行，所以看起来更像帽子，但还是被称为头巾。

前文说过男子二十岁的时候要举行"冠礼"，表示成年。但是《周礼》中却规定士以上的尊者可以戴冠，而庶人则只能裹巾，这里的巾便是指头巾，又被称为"缁布冠"。缁布冠其实是一种黑色的头巾，因平民百姓常戴，所以头巾的颜色、名称就成了百姓的代称，如"黔首""黎民"等称呼。而在春秋战国时，因军中士兵多为庶民，且裹青色的头巾，所以黎民百姓又有"苍头"之称。

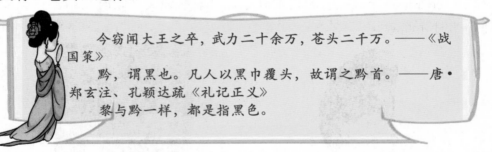

今窃闻大王之卒，武力二十余万，苍头二千万。——《战国策》

黔，谓黑也。凡人以黑巾覆头，故谓之黔首。——唐·郑玄注、孔颖达疏《礼记正义》

黎与黔一样，都是指黑色。

秦时，头巾代表着底层民众；到了汉代，头巾仍是平民百姓的日常首服。比如《后汉书》中记载了一个这样的故事：汉桓帝时，有一位名叫韩康的人，在长安售卖自己采的药材为生，三十多年从不二价，在坊间享有极高的声誉。有人要举荐他做官，但他总是谢绝。后来消息传到了汉桓帝的耳朵里，汉桓帝决定派人带着厚礼去请他入朝为官。沿途的官员知道了消息赶紧修桥筑路，但是韩康无心仕途，就驾着牛车逃跑了。不巧韩康在路上遇到了修路

的小官员，这个小官员鼠目寸光，看到驾着牛车、裹着幅巾的韩康，以为他是当地的农民，便以修路的名义夺走了他的牛。这则故事便向我们透露出在东汉时头巾仍是平民百姓的装扮。

那么头巾是在什么时候上了达官显贵的头的呢？其实早在东汉末年就有

扎巾的南北朝士人（北齐·杨子华《校书图》）

了端倪。东汉末年，战事频繁，将士们往往盔甲不离身，为了戴头盔时头发不散且更舒适，将士们便会先裹上一块头巾。在稍做休息时，为了方便轻松，便不再戴其他的冠帽，就连赫赫有名的袁绍也常裹头巾。因此，头巾在军队的将士们中先流行开来。东汉晚期，扎巾的人群发生了变化，头巾不再是平民的象征，很多士人或权贵也会用头巾来束发。像袁绍这类武将戴头巾是因战争需要，文人士大夫群体中头巾风行又是什么原因呢？

魏晋时，朝代更迭不休，政治腐败黑暗。文人士大夫在这样的时代背景下，对传统礼教产生了怀疑，并决意脱离污浊的官场，于是追求无为而治的道家思想备受追捧。面对令人忧愤的混乱社会，文人士大夫的不满和反抗体现在了离经叛道的言行举止上，他们纷纷"越名教而任自然"。当时最有代表性的就是"竹林七贤"，在仪容仪表上，本来该戴冠的文士却没戴冠，甚至赤脚散发、袒胸露怀。在南朝砖印壁画《竹林七贤与荣启期》中就多有体现。

《竹林七贤与荣启期》（江苏南京西善桥南朝墓出土砖印壁画）

竹林七贤：魏末晋初的七位名士，包括阮（ruǎn）籍、嵇（jī）康、山涛、刘伶、阮咸、向秀和王戎。

荣启期：春秋时期隐士。据《列子·天瑞》记载，孔子出游泰山时，在路上曾遇到荣启期，他虽然衣不蔽体，但却边弹琴边唱歌，给人洒脱不羁之感。

风流儒士加入了戴头巾的行列，制作头巾的材料、样式因此得到了改进，历史上还留下了许多和头巾相关的名人佳话。比如，东汉有一位名士叫郭林宗，据说有一天，他戴头巾外出正巧赶上下雨，头巾被淋湿，一角折叠。有人看到他这副模样，以为他是故意做这副打扮，于是也学着他的样子，故意将头巾折出一角，并流传开来，成了一种风尚。这种款式的头巾由此也被命名为"折角巾"或"林宗巾"，还受到后人赋诗赞美！如宋代诗人陆游便有诗赞道："雨垫林宗巾，风落孟嘉帽。"

相传，东晋田园诗人陶潜归隐山林后，喜戴一顶葛巾，有时还会用那顶葛巾滤酒，甚至用完后直接戴在头上。后人在赞颂陶潜时，常会提到他的葛巾，并美其名曰"漉（lù）酒巾"。比如唐代大书法家颜真卿就曾在《咏陶渊明》一诗中这样描绘陶潜："手持《山海经》，头戴漉酒巾。"

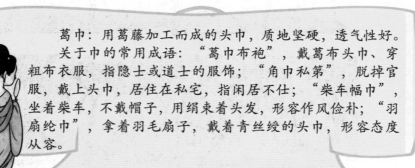

葛巾：用葛藤加工而成的头巾，质地坚硬，透气性好。

关于巾的常用成语："葛巾布袍"，戴葛布头巾、穿粗布衣服，指隐士或道士的服饰；"角巾私第"，脱掉官服，戴上头巾，居住在私宅，指闲居不仕；"柴车幅巾"，坐着柴车，不戴帽子，用绢束着头发，形容作风俭朴；"羽扇纶巾"，拿着羽毛扇子，戴着青丝绶的头巾，形容态度从容。

宋代头巾款式丰富多样，而最与前代不同的是头巾成为区分职业的符号。宋人吴自牧在《梦粱录》里说："士农工商、诸行百户衣巾装著，皆有等差，……街市买卖人，各有服色头巾，各可辨认是何名目人。"北宋著名画家张择端的《清明上河图》中便有戴各式各样头巾的人，此画正为我们验证了吴自牧的话。据史料记载，宋代商业尤为发达，这一时期还出现了专门卖头巾的"盔头店"。心灵手巧的匠人依照样式，缝制出各类头巾，放在店里售卖。

戴巾的苏东坡（元·赵孟𫖯《苏轼像》）

宋代时，士人们的生活也离不开头巾。当时有一种乌纱制成的头巾广为流传，名为"东坡巾"。这种头巾项高檐短，样子像直桶，相传仕途不畅的苏轼被贬官前曾戴过这样的头巾，因此这款头巾被苏轼的崇拜者命名为"东坡巾"。宋以后的文人雅士，都有戴东坡巾的习惯，因而它也与苏东坡的豪迈诗文以及传奇故事一并流传了下来！

到了明朝，头巾种类更多，用途也更加明确，不同阶层的人，都会有相对应的头巾。如果你是生活在明代的士子儒生，那么当时至少有十四种头巾可供你选择，其中较为典型的有"方巾""儒巾""飘飘巾""凌云巾""忠靖巾"等，至今传统戏曲中秀才、书生的首服还以儒巾为主。

胡文学画像（头戴儒巾，身着襕衫）

戴忠靖巾的明代官员

夏允彝、夏完淳父子画像（头戴方巾和飘飘巾）

不过，在明代最受欢迎的要数"网巾"了。网巾用黑色丝绳、马尾或棕丝编成，样子像网兜，网口还用布条滚边，它专用于成年男子束发。网巾的出现代替了商周以来成年男子加冠时先加缁布冠的传统，就是皇太子也不例外。男子戴网巾的传统贯穿整个明代，是明代深入人心的首服。

网巾（明·王圻、王思义《三才图会》）

传说清兵入关后，强迫汉族男子剃发蓄辫，有主仆三人因不肯改变装束而被捕，入狱后主仆三人被扯去网巾衣冠，但他们不改志向，每天都在对方头上互画网巾，直至被杀害。

明代还有一种具有广泛群众基础的头巾，相传是朱元璋创制的。制作这种头巾时，先把布剪成六片，然后缝合到一起，帽顶用水晶、香木结顶。这六片分别代表天、地及东、南、西、北四个方位，以此泛指天下，六片缝合寓意天下统一。这就是明代盛行的"六合巾"，也被称为"六合一统帽"。到了清朝，六合巾俗称"瓜皮帽"，结顶材料也越来越丰富。瓜皮帽下方有一道小檐，在檐的正中间缀上一颗

戴六合巾的明代老者画像

珠玉，称为"帽正"。帽正不仅精致美观，还可以正帽子的歪斜。

纵观头巾的演变史，怎么能少了隋唐头巾呢？其实，早在南北朝的北周武帝时就出现了名为"幞头"的巾子，这种巾子是在东汉幅巾的基础上形成的首服，只是随着历史的发展逐渐脱离了头巾的样子。那么围绕着幞头发生过哪些不为人知的故事呢？这就要从隋唐开始说起了。

幞头最初用来裹发髻，它固定头发十分方便，

戴瓜皮帽的李鸿章

且不易散乱，适合经常操练的士兵，因此先在军队中流行。隋朝时，一位名叫牛宏的吏部尚书认为软趴趴的幞头顶在头上有碍观瞻，建议加上木质的衬

垫，这样看起来才会硬朗。他还因为此事特意奏请皇帝改变幞头形制，皇帝虽然准奏了，可是隋人反应冷淡。到了唐代，勇于改革创新的唐人对此格外积极热情，于是，唐初出现了加硬巾子的幞头样式。

唐代女皇帝武则天极善推陈出新，她曾亲自创制"武家诸侯样"幞头赏赐给诸王近臣。武则天的儿子唐中宗李显也创制了一种幞头巾子，他登基后举行内宴，还特地将这种幞头巾子赐给了百官。因李显在当藩王时被封为英王，因此这种巾子又被称为"英王踣（bó）样"。英王踣样幞头，高而向前倾跌，有着倾覆、灭亡的不祥意味，后来渐被人弃用。

裹幞头的北朝男子（晋祠北齐娄睿墓彩绘壁画）

英王踣样巾子（陕西咸阳出土陶俑）

武家诸王样巾子（陕西咸阳乾县唐懿德太子墓出土石刻）

踣：跌倒、倒毙、僵死、破灭等意思。

幞头本是男子首服，但唐初已有女子开始戴。据《新唐书》记载，武

则天的女儿太平公主，在一次宴会时身穿男子服装、头戴幞头，献舞于欢宴。太平公主的大胆尝试，使得女扮男装在贵族妇人中甚至是民间得到了普及。通过唐代张萱的《虢国夫人游春图》，我们就能领略骑马女子着男装时的飒爽英姿。

裹幞头的盛唐妇女（唐·张萱《虢国夫人游春图》）

"办法总比困难多"，这用来说明硬裹幞头的出现是非常恰当的。传说唐穆宗爱打马球，而且总是不定时地要人伺候着玩耍，那些宫廷侍卫在接到召唤后，必须迅速穿戴整齐，否则惹得龙颜大怒，必没有好果子吃。为了伺候好随时"球兴大发"的皇帝，更方便快捷的硬裹幞头便出现了。

在唐代，需临时系裹而成的幞头叫"软裹"。为了让幞头看起来更服帖，人们便将幞头浸湿，俗称"水裹"。以木料、铜铁丝为骨架，以纸绢作衬，再在上面包裹巾帕，需要时往头上一套，不需仔细系裹的幞头为"硬裹"。

漆纱，便是在纱罗上涂漆，使它变得硬挺。纱罗是一类轻软细薄的丝织品，俗称"网眼布"。

五代十国时期，出现了一种用漆纱代替巾帕的"漆纱幞头"，这种幞头后面的两脚也用琴弦、竹篾等撑起，形成两个硬脚，几乎与地面平行，像极了蜻蜓翅膀。后来这种幞头发展到宋代，便演变为直脚幞头。直脚幞头是宋代最具特色的首服，它的不同凡响在于它是宋代皇帝及文武百官朝会时的官帽。

直脚幞头的两个硬脚平伸，一边长一尺二寸（40厘米），整个幞头有着近一米的宽度。那为何宋代官员要戴这种稍不留神就会打到别人的官帽呢？其实这是皇帝的一种策略。朝会时官员们分列两行，左右两人的间距，即以幞头两脚的长度为准，如果有人交头接耳，皇帝一眼便可看清。为了遏制文武百官窃窃私语的行为，直脚幞头便得到了皇帝的极力推崇。读到这

儿，你是不是很佩服古人这可爱又智慧的杰作呢？

宋墓壁画中的曲脚幞头、牛耳幞头

除了直脚幞头，宋代还出现了滑稽、俏皮的"牛耳幞头"和皂隶们（旧时衙门里的差役）戴的无脚幞头。牛耳幞头有着弯曲的硬脚，看起来和牛耳朵很像，故而得名，宋代的乐伎优伶在表演时便会戴这种幞头。为了方便办公，无脚幞头在衙门里很流行，它给人一种手脚麻利的感觉。

明代时，幞头更是帝王百官的必备品，一般皇帝用来配常服，百官则用来配公服。明代皇帝的幞头称作"翼善冠"，其由乌纱制成，两脚折上，在形制上与前代有了很大的不同。百官公服所配的幞头，依然两脚伸平，不过幞头两边的脚比宋代的短了很多，而且还稍稍上翘，从正面看真有点像"痒痒挠"呢。

戴翼善冠的明代皇帝（南薰殿旧藏《历代帝王像》）

戴直角幞头的明代官吏（《王鏊像》）

公服，是南北朝至明朝的官员在公事、谒见、常朝、婚礼时所穿的一种汉服，有紫、朱、绿、青四种颜色，相当于现在公务员所穿的制服。

漆纱自五代以后便成了幞头的主要制作材料，而到了明代，皇帝的翼善冠用的是乌纱，同时还规定，朝会时官员必须戴乌纱帽，不能戴其他颜色的纱帽。由此，在明代乌纱帽就成了官员特有的标志性服饰，在后世演变中还成了官位的代称，这种寓意甚至一直沿用至今。

多姿多彩的首饰、千变万化的帽子、五花八门的头巾都体现了古人的时尚，不过它们的产生或消失都不可避免地受到了朝代更迭的影响，比如一文不值的头巾也可以风靡一时，而风行几百年的乌纱帽最后却被红缨帽替代了，所以一朝一代的很多风尚都不过是沉淀在历史长河中的一颗颗曾经耀眼的明珠罢了。

明代官员的乌纱帽

第二章　魅力男人装

一、霸气帝王的穿衣风格

（一）宇宙万物在吾身

古人对礼法的重视渗透到了生活的各个方面，甚至贯穿于日常的穿衣打扮中。如古代帝王祭祀时所戴的冕冠，关于旒的数量和颜色都有着森严的规定。那么关于帝王的着装又会有什么惊人的规定呢？下面我们就来介绍一下霸气帝王的穿衣风格。

周代之前的帝王风范因历史久远和文献的佚失而湮灭在历史洪流中了，周代服饰因"周礼"而被完整地保留下来，并成为以后历代统治者制定礼仪制度的典范。在周代，服饰便成了统治者维护社会制度、"分贵贱、别等级"的工具，所以，当时能穿最高等级衣服的人，非一国之主莫属，他们甚至能把宇宙万物穿在身上。据史书记载，周代帝王单祭祀时所穿的服装就有六种形制，合称"六服"，其中穿来祭天的被称作"大裘（qiú）冕"。大裘冕上衣为玄色、下裳（cháng）为黄色，符合古人"天玄地黄"之说，所以将天地穿戴于身的权力也只有帝王才能享有！

> "六服"，又称"六冕"，包括大裘冕、衮（gǔn）冕、鷩（bì）冕、毳（cuì）冕、绤（chī）冕、玄（xuán）冕。服饰花样的复杂程度递减，祭祀的等级也递减。"裘"指黑色羊皮。玄色，指深蓝近于黑的颜色。

大裘冕上饰有十二种纹饰，上衣有日、月、星辰、山、龙、华虫，下裳有宗彝（yí）、藻、火、粉米、黼（fǔ）、黻（fú）。这十二种纹饰每一种都有深刻的内涵，被称为"十二章"，如群山绘于上衣，比喻江山永固；日绘在左肩，月在右肩，合起来就是 "肩挑日月"；星辰绘在衣服背后位于

日、月的下方，意为"背负星辰"；"粉米"，即白米，象征皇帝重视农桑、滋养人民、安邦治国等。

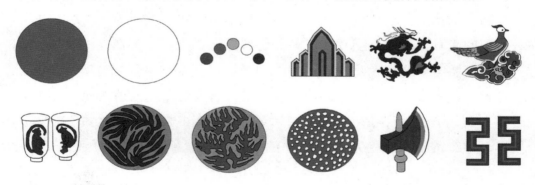

十二章内涵丰富：日、月、星辰，取其照临之意；山，取其稳重、镇定之意；龙，取其神异、变幻之意；华虫，羽毛五色，甚美，取其有文采之意；宗彝，取供奉、孝养之意；藻，取其洁净之意；火，取其明亮之意；粉米，取有所养之意；黼，取其割断、果断之意；黻，取其辨别、明察、背恶向善之意。

西周以前，人们的服装是上衣下裳制，一截穿在上身，名为"衣"；一截穿在下身，名为"裳"。

天子冕服之上包揽了天地万物之精华，所以当你看到帝王身上的这些图案，千万别以为他们只是为了英俊潇洒才穿成这样。在古代，这特殊的服装可是天子的"私人订制"呢！公侯贵卿最高也只能穿绘有九种纹样的衣服，象征着皇恩浩荡、普照四方的日、月、星辰，他们是没有资格穿的。

"十二章"纹

嘿，我是雉（zhì）鸡，三千多年前就出现在了帝王的冕服上，那时大家叫我"华虫"。你奇怪为什么我能出现在帝王服上吗？还不是咱这美丽的羽毛能够象征着帝王的文采斐然，富有文章之德嘛。

我必须说明的是，我是一只有节操的雉鸡，只出现在帝王将相的服装上，身份地位不够的休想啊！

我是百兽之王，在古代也是备受礼遇。瞧，祭祀用的酒器上画的是谁？那是我！这酒器名叫宗彝，也是帝王冕服上的图案，旁边的宗彝上画的是蜼（wěi，长尾猴）（见"十二章"纹图）。我们一起出现在下裳，寓意着智勇双全。可是这猴子怎么能和我相提并论呢？

穿冕服的皇帝

春秋战国时期，连年累月的战争使周代的祭服也随着周王室的礼崩乐坏而失传，只留下了祭祀级别最低、装备最简约的"玄冕"。西汉初期，皇帝祭服制作得十分草率，颜色虽还是以玄色为主，但没有形成完整、系统的制度。东汉时，朝廷根据史料整理出新的冕冠制度，多为承袭周礼。从此各代在继承时都有损益、变化，直到清代才废除了前代的冕服制度。虽然清代废除了冕服制度，但是清代皇帝的龙袍上却出现了"十二章"纹样。由此可见，即使是不同民族，文化相互渗透的力量也是无法抗拒的。

玄冕，在六服中居最末，专门用于一般的小祭祀，天子玄冕冠用三旒，上衣没有纹饰，下裳只有黻纹。

清朝戴冬季朝冠的乾隆皇帝

朕所穿之衣使尔等知道什么是"九五之尊"。龙袍上能看到的有八条龙，但朕的衣襟里暗藏玄机，也绣着一条，这便是"九"；衣服从正面和侧面能看到五条龙，这便是"五"。朕就是"九五之尊"！

低首看朕的龙袍下摆，这些弯曲的线条、波浪形云纹、山石宝物等，有"海水江崖"之称，寓意着连绵不断的吉祥，以及爱新觉罗家族江山永固、万载升平！

（二）"变色龙"之帝王服

穿黄色龙袍的唐太宗立轴画像

在很多影视剧里，出场的皇帝往往身着一袭精致华美的黄袍，黄色甚至一度成了帝王家专用的颜色，平民百姓是不允许使用的。那么为什么皇家独贵黄色？古代帝王的服饰就只有黄色吗？下面就让我们一起来了解"变色龙"之帝王服。

据《礼记》记载，周代时"天子着青衣"。春秋战国时期，诸侯各自为政，他们的袍服因地域特点和个人品位的不同而呈现出五花八门的盛况。比如楚国尚红，秦国尚黑。《墨子》一书中就有这样的记载："昔者楚庄王鲜冠艳缨，绛衣博袍，以治其国。"而秦国尚黑始于秦文公。相传秦文公外出打猎时，曾经捕获过一条黑色的龙，这是五行中水德的象征，因此秦国统治者认为自己是水德，而在五行中水德对应的标志颜色是黑色。所以从战国一直到秦始皇统一六国，秦国都崇尚黑色。

西汉初建，帝王服沿袭了秦朝遗风，偏重黑色。汉文帝时，帝王服弃黑色而着黄色，后来又用上了红色。晋代司马氏以赤色为贵，所以在短命的晋代，皇帝装多是艳红艳红的。今天我们熟悉的黄袍是隋文帝穿柘（zhè）黄袍时开始流行的，不过那时并未禁止民间穿黄。到了唐代，皇帝继承隋代的黄色袍衫，文武百官和平民百姓依旧可以穿黄色。到唐高宗统治时，有人提出黄色近似太阳的颜色，而"天无二日"，日是帝王尊位的象征，他人自然不能再穿黄色。所以，当时皇帝曾两次下诏禁止他人穿黄色衣服。并且还非常严肃地规定了官员袍子的颜色，例如，三品以上官员穿紫，四、五品穿朱等。

柘黄：用柘木汁染成的赤黄色，即杏黄色。

唐末，自宋太祖赵匡胤（yìn）在陈桥驿演了一出"黄袍加身"的好戏后，"黄袍"正式成为皇权的象征。到宋仁宗赵祯时，朝廷更是明确规定普通人衣着不许以黄袍为底或配制花样。从此，不仅是黄袍为皇帝独有，黄色系也成了皇家专属，这规矩一直延续到了清代。

在古代，穿什么衣就要配什么冠，即使是皇帝也不能例外。如周代帝王如果去祭天，他定是身穿大裘冕，头戴十二旒冕冠。不过皇帝的穿衣搭配虽然讲究，但这种讲究主要是遵循礼法和特定的场合。所以皇帝们可不是只有那身烦琐的行头，他们私下里的穿戴也会追求舒适、简约，甚至和普通人的穿戴并无太大区别。当然，皇帝随便一件衣服，在做工和用料方面，自然都是普通人所不能比的！

二、公务人员依法穿衣

（一）吃皇粮的官员穿衣需谨慎

俗话说 "伴君如伴虎"，皇帝身边的文武百官不光言行须谨慎，就连穿衣都不能懈怠。但是"常在河边走，哪有不湿鞋"的，总有那么一两个越轨的。据说汉武帝时期，有一位叫田恬的武安侯，为了赶时髦，竟然穿了一件流行于民间的"襜褕（chān yú）"（西汉时出现于民间，最初只用于便服）来到朝堂，皇帝见了大动肝火，认为他对自己"不敬"，而田恬便因此丢了侯爵之位。

遵从礼法穿衣是官员们的必修课，如跟在皇帝身边去祭祀要穿"祭服"，参加朝会要穿"朝服"，在衙门办公要穿"公服"，在家休息要穿"燕居服"等。有了前车之鉴，谁也不想自己的乌纱帽因为穿衣不合规矩而被摘掉啊。因此，即使是酷热难耐的夏季，穿戴厚重朝服的官员们也不敢吭声。

比如，宋代有一名丞相，尽管身体非常虚弱，在盛夏时节也不得不穿戴严整地去见皇帝，结果在朝堂上差点被一身厚重的朝服闷死！事情发生后，朝廷终于下令，恩准百官在炎炎夏日不必穿朝服上殿。后世的清朝也有明文规定，允许官员可以在三伏天不穿补褂上朝，

俗称"免褂"。这真是闷倒了他一个，幸福了后来人！

（二）看"色"识官阶

从文献记载可知，早在西周至春秋战国时期，就有了用颜色来区分贵贱的做法。那时候人们贵赤色和玄色，而普通百姓则多着未染色的棉、麻，因其本色接近白色，所以普通百姓便有了"布衣""白丁"等称谓。秦汉时，封建制度确立，颜色的等差变化进一步细化，用颜色区分社会等级已经成为一种手段，此时用来区分官员等级的是他们佩戴的印绶的颜色。

绶是用来系官印的丝带，一般垂挂在腰上。印和绶都是朝廷颁发的，称为"印绶"。印在佩戴时一般被收到革制的"囊"中，而绶则露在外面，它的颜色是区分佩戴者官职高低的鲜明标志。因而《汉书·百官公卿表》中有"金印紫绶""银印青绶""铜印黑绶"的记载。

> 富丽的腰饰：贵族官员穿礼服、朝服时会系两种腰带，一种是布帛制成的大带，另一种是皮革制成的革带，前者用来束腰，后者用于系挂配饰。大带系好后像漂亮的蝴蝶结，垂下的带子叫"绅"。朝会时，官吏的笏（hù）板不用时便插在绅带里，俗称"搢（jìn，插）绅"，又写作"缙绅"等，由此还延伸出专指有身份的人士的称谓，如"乡绅""绅士"等词。革带又称"鞶（pán）带"，可以悬挂玉饰、鱼袋、刀剑、印绶等物。

中国的官吏穿着专门的公服坐堂办公，大约开始于魏晋南北朝时期。早期的官员公服多为单层衣，而且袖子较窄小，这样的形制不仅有别于祭服和朝服，还大大方便了办公。当然，不同职位的官员，关于他们公服的颜色也有着明确的规定。例如，唐代时，一至三品的官员穿紫，四至五品的官员穿绯（红色）等。由此可见，紫色公服是唐代官员公服中最尊贵的一种，所以后来达官贵人的服装都以"紫袍"代称。唐代诗人元稹有诗："犀带金鱼束紫袍，不能将命报分毫。"慨叹虽然担任朝廷要职，但却没能够竭尽全力报效国家，这里的"紫袍"就是显官要职的代称。与紫袍相对，青袍在唐代官服中等级最低，也称"青衫"，为品级低微的官吏所穿着。比如，唐朝诗人白居易在《琵琶行》中写道："座中泣下谁最多，江州司马青衫湿。"其中的"青衫"二字就反映了诗人的官场"囧途"。

宋代承袭了唐代公服制度，公服也成了百官最常穿的衣服，所以改称为"常服"。宋代常服在形制上稍有变化，比如常服圆领下加有衬领，袖子也要比唐代公服宽，宋元丰年间还取消了常服中的青色。元代承袭了宋代之制，百官公服也用紫、绯、绿三色，不过他们创新性地在公服上刺绣花朵来区别等级。

唐代官吏公服

穿圆领大袖袍的宋太宗（南薰殿旧藏《宋太宗立像》）

老舍在《四世同堂》中写道："我看出来，现在干什么也不能大红大紫，除了作官和唱戏！" "大红大紫"一词，意为非常受宠或受欢迎，十分走红等。这源于唐代紫色和红色官服都是官阶高的标志。

唐、宋、元三代公服、常服演变记

唐代贞观年间公服颜色

品级	一品	二品	三品	四品	五品	六品	七品	八品	九品
颜色	紫色	紫色	紫色	绯色	绯色	绿色	绿色	青色	青色

唐代"安史之乱"后公服颜色

品级	一品	二品	三品	四品	五品	六品	七品	八品	九品
颜色	紫色	紫色	紫色	深绯	浅绯	深绿	浅绿	深青	浅青

宋代常服颜色

品级	一品	二品	三品	四品	五品	六品	七品	八品	九品
颜色	紫色	紫色	紫色	紫色	朱(绯)	绿色	绿色	青色	青色

宋代元丰年间常服颜色

品级	一品	二品	三品	四品	五品	六品	七品	八品	九品
颜色	紫色	紫色	紫色	紫色	朱(绯)	朱(绯)	绿色	绿色	绿色

元代公服颜色、花纹

品级	一品	二品	三品	四品	五品	六品	七品	八品	九品
颜色	紫色	紫色	紫色	紫色	紫色	绯色	绯色	绿色	绿色
花纹	大独朵花	小独朵花	散花	小杂花	小杂花	小杂花	小杂花	无花纹	无花纹

明代时，公服与常服分制，公服专用于早晚朝的奏事、侍班、谢恩等，仅次于朝服；常服则是官员在自己的官署内处理公务时穿的服装，主要包括乌纱帽、团领衫、革带三部分，革带上的铐（kuǎ）饰成了区分官员等级的

标志。明洪武年间，官员常服的前胸后背开始缀有禽兽纹样的"补子"，形状通常为方形。文官用禽类，表示文明；武官用兽类，表示威武。所以，明代时文武官员被统称为"衣冠禽兽"者，这也是当时让人羡慕的赞美之词。但到了明朝中晚期，官场腐败，贪官佞臣比比皆是，所以"衣冠禽兽"便开始有了贬义的味道，现在更是用以指外表斯文但品德极坏、行为像禽兽一样卑劣的人。

明朝时，有几种服装令人印象深刻，那就是蟒服、飞鱼服、斗牛服。这些服装没有等级之分，是皇帝特赏的服饰。蟒纹和龙纹相似，区别在于龙为五爪，蟒为四爪，因为它们很相似，所以绝对不能随便穿着，只有重臣、权贵蒙赐才可以穿。地位仅次于蟒

明代飞鱼服

服的是飞鱼服，飞鱼服因绣有飞鱼纹而得名。飞鱼并非海鱼，而是蟒身加鱼鳍、鱼尾，头上加角的虚构形象。明朝的锦衣卫是为皇帝服务的近臣，他们穿的就是飞鱼服。传说曾有一位兵部尚书穿飞鱼服上朝，明嘉靖皇帝见了大怒："二品尚书，怎敢擅自穿蟒服？"那位兵部尚书赶紧回答说："臣穿的是飞鱼服，而非蟒服！"嘉靖皇帝随即下令，规定文武百官不可擅自穿蟒服、飞鱼服、斗牛服等。因而，除了锦衣卫之外，其他官员要达到一定的品级才能得到皇上赏赐的飞鱼服。它代表皇帝的恩宠，是身份的象征。

明代蟒袍

明代官吏服（洪武二十四年后的常服）

清军入关后，传统的冕冠制度被废弃，满朝文武一律穿袍服。清代的官服也用补子，补子的形状有方、圆两种，皇亲国戚用圆补，普通官吏用方补。补子上的纹样与明代的相比有所差异。

穿着补子图案官服的官员（清代官员李侍尧画像）

都说凤凰是百鸟之王，可是我们仙鹤在明朝以后就傲娇地出现在了一品文官常服的前胸后背，就是到了清代也不例外。我的朋友锦鸡、孔雀、鹭鸶等也分别出现在不同品级的官服上，记住我们是文采风流、谦谦君子的代表！瞧这大长腿，多美！

我是猛兽中的"独孤求败"，正因为如此，明代的一品武官常服上就是我的肖像，象征武官们的勇猛有力、武艺高强。可叹的是，到了清朝，竟然用"麒麟"这神话传说中的家伙，取代了我的江湖地位，使我屈居第二！还好我下面有虎豹、熊罴、犀牛等。

明清两代公服、常服演变记

明代官员公服颜色、花纹

品级	一品	二品	三品	四品	五品	六品	七品	八品	九品
颜色	绯色	绯色	绯色	绯色	青色	青色	青色	绿色	绿色
花纹	大独朵花	小独朵花	散花	小杂花	小杂花	小杂花	小杂花	无花纹	无花纹

明代官员常服带

品级	一品	二品	三品	四品	五品	六品	七品	八品	九品
革带	玉带銙	花犀带銙	金钑花带銙	银钑花带銙	银钑花带銙	银钑花带銙	银钑花带銙	乌角带銙	乌角带銙

明代官员洪武二十四年后常服补子

品级	一品	二品	三品	四品	五品	六品	七品	八品	九品杂职凤宪官
文官	仙鹤	锦鸡	孔雀	云雁	白鹇	鹭鸶	鸂鶒	黄鹂	鹌鹑 练鹊 獬豸
武官	狮子	狮子	虎豹	虎豹	熊罴	彪	彪	彪	海马

清代官服补子

品级	一品	二品	三品	四品	五品	六品	七品	八品	九品法官
文官	仙鹤	锦鸡	孔雀	云雁	白鹇	鹭鸶		黄鹂	练鹊 獬豸
武官	麒麟	狮子	豹	虎	熊	彪	犀牛	犀牛	海马

銙：古代附于腰带上的装饰品，用金、银、铁、犀角等制成。

钑（sà）：用金银在器物上嵌饰花纹。

白鹇（xián）：世界有名的观赏鸟。

鹭鸶（lù sī）：一种非常美丽的水鸟，也是诗人和画家常描绘的对象。

鸂鶒（xī chì）：一种形似鸳鸯而体形稍大的水鸟，多是紫色，雌雄同游，因此又称"紫鸳鸯"。

鹌鹑（ān chún）：一种常栖居于气候温暖地方的候鸟。

风宪官：监察执行法纪的官吏。

杂职：古代品官以外的办事人员。

三、男子服装风潮秀

（一）连体衣——深衣

如果问最能代表古代汉族传统服饰的服装是哪一件，深衣可谓当之无愧。深衣的历史可以追溯到上古时代，它起源于虞朝的先王有虞氏，因"被体深邃"而得名深衣，在春秋战国时期很流行。深衣改变了上衣和下裳分开的形式，将上衣下裳连为一体，成为连体衣，但它和现在的连体衣可不是一回事儿。比如，深衣虽是上衣和下裳连在一起，但却是分开裁剪再缝合起来的，表达了对祖先"上衣下裳"的尊重。深衣的上衣用 4 块面料缝合，象征着四季轮回；下裳裁成了 12 片，象征着一年的 12 个月。深衣袖圆似规，衣

《诗经·曹风·蜉蝣》："蜉蝣之羽，衣裳楚楚。"衣指上衣，裳指下衣。衣裳楚楚指服装整齐漂亮，"衣冠楚楚"便是由此而来，亦是用来形容穿戴整齐、漂亮。同义的有"衣冠济楚""衣冠齐楚"，反义的有"衣衫褴褛""不修边幅"。

领方形似矩，两者合起来就是"规矩"，所谓"无规矩，不成方圆"在深衣上就有所体现。深衣的背后还有一条缝贯穿上下，垂直如绳，警示穿深衣之人要像绳子一样正直。

深衣的前襟要接长一段，穿着时绕到背后，裹缠在身上就形成了"曲裾"，因此深衣又被称作"曲裾深衣"。这种裁剪缝缀方式被称为"续衽（rèn）钩边"，"衽"就是"衣襟"的意思，也就是衣服的"前片"，而"襟"字出现在"襟怀磊落""胸襟"等成语中，用来比喻人的胸怀，就是缘于服饰。在《论语·宪问》中有云："微管仲，吾其被发左衽矣。"

穿曲裾深衣的战国男子（河北平山中山国遗址出土人形铜灯）

这是孔子在感叹：若无管仲，中原汉人就要和少数民族一样披发并且左扣衣襟了。这句话也说明了在古代，汉族人的穿衣习惯是"右衽"（左边衣襟盖住右边），少数民族则为"左衽"。

汉代的曲裾深衣（湖南长沙马王堆一号汉墓出土）

> 具父母、大父母，衣纯以缋；具父母，衣纯以青。如孤子，衣纯以素。纯袂、缘、纯边，广各寸半。
> ——清·黄宗羲《深衣考》
> 意思是说，古人重孝，他们的孝心还体现在衣服的颜色上。如果父母、祖父母都健在，深衣就镶带花纹的边；父母健在就镶青边。如果是孤儿，深衣就镶白边。镶边是在袖口、衣襟的侧边和裳的下边，镶边宽各一寸半。

第二章 魅力男人装

45

（二）直裾的深衣——襜褕

　　汉代时，人们的内衣渐趋完善，特别是裤子的发展使得深衣的曲裾成了鸡肋，所以符合时代发展潮流的襜褕便应运而生了。襜褕其实也是深衣类服装，只不过不再紧紧裹在身上，而是样式宽松的直裾之服。直裾是指衣襟相交至左胸后，垂直而下，直至下摆，不需缠裹。

　　从为数不多的史籍记载来看，直到西汉时，穿襜褕的多为女子，男子穿则被看作失礼。比如前文讲到的汉武帝时的武安侯便是因为在朝会上穿襜褕而丢了爵位，由此我们可以看出，即使在民间已经很流行了，但当时的襜褕还是没有占据主流地位。不过《东观汉记》中有这样的记载，公元 25 年，汉光武帝刘秀与更始皇帝刘玄正式决裂，开始了长达十二年的统一战争，而在此期间，原本在刘玄麾下的将领耿纯见刘玄大势已去，便率领部下两千余人投奔刘秀。在这场声势浩

　　《东观汉记》原名《汉记》，是最早的东汉史书，后人之所以称其为《东观汉记》，主要因为这本书撰于皇家藏书处的"东观"。

大的归顺过程中，耿纯及两千部众穿的都是襜褕。可见，在东汉初年，襜褕在官场中已经流行开来，在后来甚至取代了传统的朝服。

襜褕（湖南长沙马王堆一号汉墓出土）

（三）古人的防寒服——袍

深衣和襜褕多是单衣，那么在寒冷的冬季，古人穿什么衣服来御寒呢？他们有没有棉衣呢？据记载，古人在冬天会穿一种纳有絮绵的内衣，最初只穿在里面，外面必定还有罩衣。后来，人们仿照流行的直裾样式制作袍，成了纳有絮绵的襜褕，不过人们仍称它为袍。随着时间的推移，魏晋时袍服已经取代了深衣和襜褕。

袍，苞也。苞，内衣也。——《释名·释衣服》

絮绵，即丝绵，是蚕丝结成的片或团。在宋元之前，棉花还没有普遍种植，所以在此之前，古人以丝绵填充棉服。棉花最初被称为"木绵"，在普及之前贵于丝绵。

古代的袍分为两种：一种是用新丝绵作芯的，称为"茧"；另一种是掺了旧丝绵制成的，称为"缊（yùn）袍"。缊袍通常是贫寒之士的防寒服，在诗文中常有提及，比如《论语·子罕》云："衣敝缊袍，与衣狐貉（hé）者立，而不耻者，其由（子路）也欤。"因此衍生出成语"缊袍不耻"，意思是身

清代香色夔龙凤暗花绸皮行服袍

穿破旧寒酸的缊袍而不感到可耻，以此来比喻人穷志不穷。

在汉代时，袍服的袖子十分宽大，甚至垂下形成了圆弧形，这个下垂的袖身被称为"袂（mèi）"。《史记·苏秦列传》中有"连衽成帷，举袂成幕"的说法，便是形容袍服衣袂之广。因袂乍一看像是牛下垂的颈项，因此也被称为"牛胡"。袍服虽然有着宽大的袖管，但在袖口处却有明显收敛，这样的设计不仅便于劳动，还有利于保暖。

晏子出使楚国，楚王嘲笑齐国无人而派矮小的晏子当使者。晏子却说："齐之临淄三百间，张袂成阴，挥汗成雨，比肩继踵而在，何为无人！"（《晏子春秋·内篇》）意思是说，光齐国国都临淄便有三百间（二十五家为一间）人家，大家张开袖子能遮掩天日；用手抹汗，汗洒下去就跟下雨一样；街上的行人肩膀擦着肩膀，脚尖碰着脚跟。大王怎么说齐国没有人呢？这里"张袂成阴""挥汗成雨""比肩继踵"都是形容人多。

（四）魏晋名士穿衣风尚的代表——衫

衫是一种宽袖单衣，大约出现于东汉末年。与深衣、襜褕和袍不同的是，最初的衫为对襟样式。那什么是对襟呢？对襟的特点就是衣领不相交叠，只在胸前合并，垂直而下。对襟的衫在穿着上很方便，可以在胸前系带，也可以不系带，任其敞开，所以非常适合在炎热的夏季穿着。隋唐之后，衫并不只限于对襟，也有用大襟圆领的，在款式上更接近于袍，所以又被称为袍衫。

穿对襟袒胸衫的士人（江苏南京西善桥南朝墓出土砖印壁画《竹林七贤与荣启期》）

在我们的印象里，古人严谨守礼，但上图壁画里着衫的人物却袒胸露怀，这是怎么回事呢？原来在魏晋南北朝时期，社会动荡，政治黑暗，文人儒士纷纷避世，归隐山林，他们不再拘泥于礼法，而是放纵自我，所以对襟的衫便成了名士的必备常服，甚至还形成了一股风尚。比如上文我们提到的竹林七贤，其中有一位嗜酒成性的叫刘伶，有一次他竟然连衣服都不穿就去接待客人，众人指责他太失礼，他却振振有词地说："我以天地为屋，以屋为衣裳，你们为何钻进我的衣服里？"听了这话，众人语塞，他则不以为然地招呼客人，这样前卫的言行举止真是令人咋舌！

（五）清末男子的划时代混搭

清代时，文人儒士们喜欢穿长袍马褂。长袍是开衩的，通常皇族宗室开四衩，官吏士庶开两衩，不开衩的长袍被称为"一裹圆"，是平民百姓常穿的衣服。马褂一般来说是立领对襟，用纽扣系住。官员补褂等正式的袍褂和短马褂的区别在于，袍褂长及膝盖甚至更下的位置，而短马褂只到腰部。将长袍和马褂搭配起来就叫作"长袍马褂"，这是清朝男子最为常见的服装。进入民国之后，国民政府还把蓝色长袍搭配黑色马褂列为"国民礼服"呢！

黄马褂，款式与普通马褂并无区别，不过因为它的颜色是皇家专用的黄色，所以很珍贵。皇帝一般不穿黄马褂，而多是赏赐给有功劳的大臣。除了马褂，清朝男子还喜欢在长袍外搭配一字襟马甲（也称背心、坎肩）。一字襟马甲是一种多纽扣的背心，在前襟横开一襟，钉上七颗纽扣，左右两腋各钉三颗纽扣，加起来一共十三颗纽扣，所以也叫"十三太保"。

穿长衫的鲁迅先生

鲁迅在《孔乙己》一文中有这样的描写"但这些顾客，多是短衣帮，大抵没有这样阔绰。只有穿长衫的，才踱进店面隔壁的房子里，要酒要菜，慢慢地坐喝……孔乙己是站着喝酒而穿长衫的唯一的人。"这长衫就是民国初年男子衣着的代表。长衫其实就是清代风行的长袍，不过在民国的讲究就少很多了，它既可当礼服又可作便服，外面的马褂可穿可不穿，穿衣的人也不分什么身份贵贱，达官显贵也好，贩夫走卒也好，只要是经济条件允许，想穿就穿。诚然，正如鲁迅在文章里写的那样，广大劳动者多半还是穿方便利落的短衣。

清朝末期的鸦片战争、甲午战争使中国幽闭的大门在炮火中土崩瓦解，西方文化的大肆入侵，使人们的传统观念受到了极大的冲击，剪辫易服这种穿着打扮上的变化，正是西方文化冲击下的变革。在这混乱动荡的年代里，

第二章　魅力男人装

有人穿长袍马褂却没有长辫子了；有人穿西服脑后却拖着辫子；还有人穿着笔挺的中山装却留着三七分的短发……总之，这是一个混乱的年代，更是一个文化多元的时代。男子的衣橱，在中西文化合璧的大环境下，自然也呈现出了中西融合的状态。

穿短衣的黄包车车夫

（六）民国男子的盛装——中山装

中山装是民国时期流行的男子服装，它因创始人为孙中山而得名，"适于卫生，便于动作，宜于经济，壮于观瞻"是它的设计理念。中山装封闭的衣领寓意着"三省吾身"的修身之道；身前的四个衣袋表示礼、义、廉、耻；衣服的袋盖是倒置的笔架形，暗含尊重知识分子、以文治国的思想；袖口的三颗纽扣表示民族、民权、民生"三民主义"；后背完整没有缝合，代表着国家和平统一。

翻看民国时期的老照片，着中山装的男子给人以挺拔、高雅之感。中山装在吸收西装优点的同时，还

着中山装的孙中山先生

保留了汉文化元素，既美观大方又便于活动，一度被国际社会评为"影响世界的十大服装之一"。即便是现在，国家主席等重要领导人在很多场合也喜欢穿中山装，这种中西文化合璧的服装，紧随时代潮流，正体现了一种从容不迫、不卑不亢的华夏精神。

第三章　古代女子的美衣分享

一、女子衣橱里必备的华服

（一）层层裹束的深衣

春秋战国时期，深衣的流行把服饰定格为两大款式：一种是上衣下裳分开来，另一种是上衣下裳连在一起。据《礼记·深衣》记载，深衣长度齐脚踝，以不露体肤、不拖地为宜，所以深衣的特点就是"续衽钩边"。"续衽"指将衣襟接长成为一个三角的形状，穿着时将三角的长衣襟绕到背后，以免露出里面的衣服。"钩边"则指衣襟边缘的装饰，深衣用不同色彩的锦来做领子、袖口、衣襟、衣裾的边缘，这就是所谓的"衣作绣，锦作缘"。与男子一样，深衣也是古代女子的心头好，腰肢柔软纤细的姑娘们穿上层层包裹的深衣，更显得曲线玲珑有致。

穿曲裾深衣的战国妇女（湖南长沙仰天湖 25 号楚墓出土彩绘女立俑）

穿绕襟深衣的西汉妇女（长沙马王堆一号汉墓出土彩绘木俑）

汉朝时，女子深衣的款式有了明显的变化。爱美的姑娘们会把衣襟接得很长，穿时在身上缠绕数道，再用带子系好，这样每道花边都露在外面，一层层看起来别致又优雅。之后，随着内衣、裤装的发展，人们不再需要用一层层长长的衣襟裹住身体，由此裙裾慢慢变了样，还有了装饰。裙裾装饰上广下狭，形似倒三角，又像燕尾，带有这种装饰的深衣被称为"袿（guī）衣"。穿着袿衣的女子，袅袅婷婷地走来，微风吹拂，层层袿饰随风飘动，摇曳生姿，给人飘飘欲仙之感。

后来，不知哪位女子又在胳臂处搭了一条飘带，

穿蜚襂垂髾的女子（东晋·顾恺
之《洛神赋图》）

这就是被著名辞赋家司马相如称为"蜚襂（xiān）垂髾（shāo）"的深衣款式。襂便是指飘带，髾便是指那些形如燕尾的装饰。东晋画家顾恺之在《洛神赋图》中描画出了宽衣博带、飘飘而至的女神，这画中女神之衣就是当时深受贵妇们喜爱的蜚襂垂髾。南朝文学家沈约在《会圃临春风》一诗中还有关于这款深衣的描写："开燕裾，吹赵带。赵带飞参差，燕裾合且离。"（赵带，泛指女子身上的各式飘带）这又是怎样的超尘出世、仙气飘飘啊！

（二）从开放复归保守的衫

衫出现在东汉末年，最初是深受男子喜爱的夏服，女子一般不着衫，因为衫是对襟的衣服，且宽松肥大，很容易暴露颈项和胸口的肌肤。但是到了唐代，衫却成了女子们衣橱里必不可少的衣服。在这个中国历史上最为开放的朝代里，女子们也不再过分拘泥于礼法制度，于是她们也像竹林七贤那样有了"袒胸之态"。唐高宗李治为政时，女子服饰的领口和裙腰就已经开始慢慢地往下移了，尤其是武则天当政时期，上襦领子开得很低，领口很大，一种新兴的服饰——大袖衫也很快流行开了。

穿对襟大袖透明衫的唐代贵妇宫女（唐·周昉《簪花仕女图》）

穿大衫子的五代贵妇（福建福州五代刘华墓出土陶俑）

大袖衫用薄纱制成，衣袖非常大，宽约1.3米，故而得名。唐代画家周昉的《簪花仕女图》中几位贵族女子便是穿着近乎透明的大袖衫，内里穿抹胸或不穿内衣，直接配以长裙，这种以轻纱蔽体的开放程度真是前所未有的！"绮罗纤缕见肌肤""粉胸半掩疑晴雪"便是对女子着大袖衫的描述。领口的袒露充分展现了女性的美丽，充满了明朗开放的时代气息。

到了宋代，受程朱理学的影响，女子们的穿衣风格趋向拘谨和保守。这时的女子虽还穿衫，但往往在衫的外面再加一层衬衣，有时甚至直接在衫子里面缀上衬里，成为"夹衫"的样式。宋代女词人李清照在《蝶恋花》里这样写道："泪融残粉花钿重，乍试夹衫金缕缝。"（句中"缕"应为"镂"）词中不但提到"夹衫"，还提及"金镂缝"这样的制作工艺。

大袖衫的袖子很宽，当布料不够宽时，便需用两块布拼接，这样袖身上会有接缝。为了美观，古人便用一条狭窄的花边镶嵌，这条花边用镂金（用金箔刻成的图案）制成，因此叫"金镂缝"。

素罗镶边大袖衫（福建福州南宋黄升墓出土）

宋代时，一种名为"褙子"的衫子也广受欢迎。褙子形似大袖衫，直领对襟，两腋开衩，衣长过膝，但它的衣袖不再肥大宽博，而是贴合胳臂剪裁，穿起来简单舒适，看起来也干练利落。褙子可以罩在襦袄外，也可以穿在大袖里，它不分贵贱，无论是皇妃贵族还是民女歌妓，都可凭自己

穿窄袖褙子的宋代妇女（宋人《歌乐图》）

明·唐寅《王蜀宫妓图》

的喜好来穿。或许正是因为褙子这种淳朴简约的特点，以至于到了相隔几百年后的明代，它仍然活跃于女人们的日常装扮中，成为衣柜中必不可少的一件衣服。

（三）短打扮也很惊艳——襦袄

汉代乐府诗《陌上桑》里有一位正在采桑的姑娘秦罗敷，她"头上倭堕髻，耳中明月珠。缃绮为下裙，紫绮为上襦"。这个姑娘面容姣好，穿着也很时尚，所以"行者见罗敷，下担捋髭（zī）须。少年见罗敷，脱帽著帩（qiào）头。耕者忘其犁，锄者忘其锄。来归相怨怒，但坐观罗敷"。文中罗敷所穿的"襦"就是当时非常流行的一款短衣，不论贵族女子还是劳动妇女都可以穿。不同的是，贵族女子在会客、宴会时一般穿长衣，平时家居时可以穿襦；而为了方便劳作，劳动妇女则一年四季都会穿襦。

襦又被称为"腰襦"，长度一般到腰间。古人十分注重搭配，上襦下裙时，通常将上襦束在裙内。搭配长裤时，通常用襦的下摆挡住裤腰，所以襦的长度会根据个人需要而调整。襦有单衣和夹衣之分，单衣是春夏款，夹衣里有丝绵的为秋冬款。至于襦的质地和装饰，全凭个人的经济能力和爱好。华美的丝绸上有点缀也罢无点缀也好，轻滑亮丽、色彩柔和的腰襦都能衬托出女子的绰约风

穿红色广袖短襦及绿色长裙的妇女（东晋·顾恺之《女史箴图》）

第三章 古代女子的美衣分享

姿！虽不知道千百年前采桑劳作的佳人到底有多美，但看看古人留下的画作，我们或许可以畅想一番！

"短而施腰"谓之短襦，在短襦的基础上又衍变出一种新的短衣款式，就是我们常说的"袄"了，所以袄最初也叫"襦袄"。随着袄的普及，襦和袄逐渐分离，有了明确划分，长及腰的短衣仍被称作"襦"，长度介于襦和袍之间的被称作"袄"。袄多为秋冬之服，内缀衬里的为"夹袄"，纳有絮绵的称为"绵袄"，后来随着棉花的广泛种植，绵袄逐渐被棉袄替代。明清时，女子普遍穿袄，在明清时期的笔记、小说、戏文中均可见到记载。比如，《牡丹亭》第二十七出就有"红裙绿袄，环佩玎珰"等关于女子着袄的描写。

穿袄的清末女子

大襟窄袖镶花边夹袄

（四）内外皆可穿的T恤——半袖

半袖，顾名思义，即为一半的袖子。古人与今人一样都有短袖衣，但不同的是他们的半袖一般穿在长袖外。在汉代时，半袖被称为"绣䘿（jié）"，款式多为大襟交领，衣长到胯部，袖口比较宽。《东观汉记》中记载有些将军穿着绣䘿这种女人的衣服，在长安城招摇过市，引起市民们的讥笑。这说明在两汉交替时，绣䘿穿着者多为女子，男子穿绣䘿被时人认为是不合时宜的。

魏晋南北朝时，男子穿半袖的较多。据《晋书》记载，魏明帝曹睿曾经穿着"缥纨半袖"会见臣子

穿绣䘿的东汉妇女
（四川成都永丰东汉墓出土陶俑）

杨阜（fù）。杨阜见到皇帝的穿着，直谏说："此礼何法服邪！"皇帝自觉理亏，尴尬不语，以后会见杨阜时必穿朝服。其实杨阜并不是不赞成皇帝穿半袖，而是不赞成皇帝所穿之衣的颜色，因为古人认为"夫缥（青白色，淡青），非礼之色"。不过，由此可见在魏晋之时半袖已经很流行了，连皇帝都喜欢半袖，甚至还穿着会见宾客。隋唐时，女子穿半袖者日益增多，这时半袖改称为"半臂"，可外穿也可内穿。

穿联珠纹锦半臂和襦裙的唐代妇女

穿襦裙及半臂的初唐宫女（陕西咸阳乾县唐永泰公主墓出土石椁线刻画）

第三章 古代女子的美衣分享

57

唐代半臂多用织法细密、质地厚实的织锦制成，所以有一定的御寒功能。后来除少数使用织锦外，大部分为绫绢制成，里面还会加绵絮，由此半臂成为真正的御寒之衣。宋代诗人陆游《微雨》诗云："呼童取半臂，吾欲傍阶行。"微雨过后，诗人顿生凉意，于是唤童子取来半臂穿上，自己还要去散步呢。

唐代半臂

> 织锦：用彩色的金缕线织成的各种花纹织品，是中国古代技术水平最高的丝织物。
>
> 绫绢：两类真丝织物的合称，"花者为绫，素者为绢"。
>
> 晡（bū）后气殊浊，黄昏月尚明。忽吹微雨过，便觉小寒生。树杪雀初定，草根虫已鸣。呼童取半臂，吾欲傍阶行。——南宋·陆游《微雨》

（五）宽松袍服的前世今生

在袍服流行之前，曲裾深衣和直裾襜褕是女子日常的服饰之一，而袍只是穿在里面且纳丝绵的内衣。魏晋以后，袍服逐渐可以外穿，人们制作袍服也更加讲究了，不仅在领、袖、襟等部位镶边，还在其上绣制花纹。久而久之，袍服的地位越来越高，甚至成了必不可少的礼服，《后汉书·舆服志》中就有这样的记载："公主、贵人、妃以上，嫁娶得服锦绮罗縠缯，采十二色重缘袍。"可见当时对袍服穿着已经有了明确的规定。当然，穿袍不是贵族的专利，普通女子结婚时也可穿上美丽的袍服嫁衣。

古代袍服穿着方便且美观，男女皆宜，这促进了袍服样式的发展变化。而每个朝代的袍服几乎都有自己的特点，比如，汉代袍服袖子宽大；隋唐袍服效仿胡人的便捷窄袖，衣领也变成了圆领；宋代袍服在圆领里还加了衬领……

清朝时，女子们所穿的旗装便是袍服的一种，这种衣服长袍直身、宽襟、大袖、左右开衩，上面绣的花鸟鱼虫精致细腻。清朝统治者最初强令汉人男子"剪辫易服"以巩固政权，但奇怪的是旗装未经强制便悄悄占据了女子服饰的主流。旗装发展到民国时期，袍袖缩小、袍长缩短、腰身收紧，成为风靡世界的旗袍。旗袍贴合身体曲线，更能突出女性玲珑有致的身段，即使是现在，也深受女子们的青睐。

清代旗袍

穿旗袍的民国女子

二、似衣非衣的秘密

（一）女子们的梦想——霞帔

"凤冠霞帔"，是指明朝女子出嫁时的装束。前文曾提到古人的凤冠，最初时的凤冠是皇后专属，但后来形似凤冠的发饰也被笼统地称为凤冠。同样，霞帔也有一个漫长的发展过程。

霞帔其实是一种披巾，它的前身是搭于肩、缠绕于双臂的长条披帛，多用于嫔妃、歌姬舞女，大约在秦汉时便已出现，不过那时披帛也不叫披帛，而叫领巾。甚至到了唐代，领巾也是其代称之一。如《酉阳杂俎》中记载了这样的一个小故事，说一天唐玄宗李隆基和亲王下棋，杨贵妃和宫廷乐师贺怀智在旁边作陪。杨贵妃眼见着皇帝要输了，便放出了一只小狗来搅乱了棋局，皇帝因此十分高兴。正好一阵风吹来，吹起了杨贵妃的领巾，这领巾落在了贺怀智的头巾上，直到杨贵妃回过身来，领巾才落下。由此可见，当时的领巾（即披帛）是很长的。

唐代的披巾还被称为"帔"，用罗制成的被称为"罗帔"，彩色帛巾制成的被称为"霞帔"。敦煌莫高窟的飞天壁画中就有很多女子身着色彩艳丽的披巾曼舞于空中，这些飘逸的披帛更是衬托了飞天女子的柔美。不过，此时的霞帔还只是色彩艳丽的披巾，并非后世的霞帔。直到宋代时，真正意义上的霞帔才出现。

> 唐代大诗人白居易在《霓裳羽衣歌》中写道："虹裳霞帔步摇冠，钿璎累累佩珊珊。"诗中的霞帔指的就是一种色彩艳丽的披巾。舞姬们挥动纤柔玉臂，缠绕在身上的霞帔随着身体的舞动而飞扬，真是明艳动人！

宋代时，霞帔发展成一种新型服饰，它的形制与披帛相似，但通常是两层，上面绣着纹样，披戴时从领后绕到胸前，下端还会缀上金玉坠子固定，所以此时的霞帔已不像唐代霞帔那样飘逸灵动了。不过，在宋代，霞帔并不可以随意穿戴，只有嫔妃或诰命夫人才可以。明朝有个叫"摄盛"的制度，允许普通男女结婚时可穿九品官服和命妇服，这是民间百姓婚嫁时可以享受的殊荣，只有这一天，普通女子可以戴凤冠、着霞帔。清代时，霞帔在款式上有了很大的变化，不仅变宽，还用流苏代替了"帔坠"，样子也更加繁复精致。或许因霞帔是高贵身份的象征，才会令那些不曾拥有过这般荣耀的女子如此着迷吧！

（二）深藏不露的内衣——亵衣

古人贴身穿的内衣被称为"亵衣"，又称"小衣"。亵，意为轻慢，亲近而不庄重，所以亵衣是不能轻易示人的。例如，《礼记》中记述了这样一件事情：季康子的母亲离世，在陈列小敛（丧礼的一个环节）所用的衣物时，就连内衣也摆放出来了。敬姜是季康子的祖叔母，她看到了说："女子不打扮，都不敢见公婆。吊唁的宾客马上就要来了，怎么能把女人亵衣也放在这里呢？"于是命人撤去。由此可见，在古代亵衣确实是秘不示人的，而且亵衣的历史也是很久远的。

古代男女皆着亵衣，不同时代的亵衣还有着不同的称谓。如周代女子亵衣有"袙（pà）腹"之称，意为"横帕其腹"，即一块布帕横置于腹，左右有带子可以裹系。汉代时，亵衣有"抱腹""心衣"这两种，它们都只有前片遮挡胸乳，而无后片遮挡背脊。之后晋代有裲裆、唐代有诃（hē）子、宋代有抹肚……到清朝出现了深受男女老少欢迎的肚兜。

序号	1	2	3	4	5	6	7	8	9	10
时代	汉	汉	晋	唐	宋	元	明	清	近代	近代
名称	抱腹	心衣	裲裆	诃子	抹肚	抹胸	褡裙	肚兜	小马甲	背心
图例 正面										
图例 背面										

中国历代妇女亵衣沿革

肚兜一般做成菱形，上有带，穿时套在颈间，腰部另有两条带子束在背后，下面呈倒三角形，长至小腹。肚兜材质以棉、丝绸居多，系带多用红色丝绢，上面还有精致的刺绣。童子穿的多绣老虎、蝎、壁虎，据说这些图案可以避灾祸；女子穿的通常会绣百蝶穿花、鸳鸯

清代妇女的肚兜（传世实物）

戏莲、莲生贵子等，寓意深闺女子对爱情、婚姻的美好向往；老人的肚兜通常为双层，除了纳有絮绵之外，还会放入药物来治疗疾病等。

清代妇女的肚兜（传世实物）

第四章　逐渐发展的下裳

比起众多的上衣样式，古代下裳的款式略显逊色。裳有两层含义：狭义是指"围裳"，比如，《诗经·邶风·绿衣》"绿兮衣兮，绿衣黄裳"中的裳就是围裳。广义的"下裳"和上衣相对，是下体之服的总称，包括裳、裤、裙等。古人的下裳在历史变迁中经历了哪些变化呢？接下来我们一探究竟。

一、裳影响了古人的哪些方面

裳最初是用来遮羞的。商周时，下裳的款式和后世的裙子很像，不同的是裙子多做成一片，而裳则做成前后两片，一般是三片布帛相接蔽前，四片布帛相接蔽后，上面用布带系结于腰部，左右还会各留缝隙。这种裳有点像左右都开衩到腰的短裙，虽然穿着便利，但遮羞功效大打折扣。

穿裳跪坐的商代男子（河南安阳殷墟出土玉人）

裳是紧贴下身的卑亵之物，所以他人不能随便碰裳，甚至因为裳两边开衩的样式，还影响了人与人之间的社交礼仪。比如，《礼记·曲礼》中有专门讲男女相处的礼仪，有"男女不杂坐""诸母不漱裳"的规矩。如果我们不了解古人的穿衣特点，就会产生错觉，认为古人真是保守，居然规定男女不能混坐在一起，庶母（父亲的小妾）不能给自己洗裳。但是了解了古人"高开衩短裙"式的裳之后，我们就知道了"男女不杂坐"确实有必要。

最初的裳还影响了古人的坐姿。古代常见的坐姿是跪坐，即膝盖着席，臀部坐于足后跟上，这样的坐姿安全有效地保护了隐私。而其他坐姿，如盘腿坐或双腿伸展坐，不仅有失风范，还会被人认为是不礼貌的。两腿伸展开的坐姿在古代被称为"箕踞"，这是一种极不文雅的坐姿。比如，《资治通

中国服饰浅话

鉴》中记载，汉顺帝刘保给沈景升了官，于是沈景进宫谢恩。大殿上汉顺帝箕踞而坐，且衣衫不整，别的官员都给皇帝行礼，而沈景却不行礼，还反问别人皇帝在哪里。别的大臣小声说："那上面坐着的难道是假皇帝吗？"沈景说："皇帝不整衣衫、不守礼，与普通人有何区别？我今天是来拜谢皇帝的，不是来拜谢无礼之人的。"汉顺帝听完这话既窘迫又惭愧，赶紧摆正衣冠端坐于上，沈景这才拜谒他。由此可见，裳深深地影响了古人的坐姿礼仪，就是高高在上的皇帝也不能免俗，都得遵守礼仪，坐有坐相，站有站相，何况是普通人呢？虽然今人已经不再穿裳，但保持符合礼仪的举止还是十分必要的！

二、古代流行的几款裙装

裙为何叫"裙"呢？在汉代刘熙《释名·释衣服》中解释说："裙，群也，连接群幅也。"古代的"裙、群"两字相通，早期的布帛狭窄，一条裙子由多幅布帛缝合而成，故而得名"裙"。

裙是女人们衣橱里必不可少的服装，无论是遥远的古代还是现代，裙裾翩翩的女子都是一道亮丽的风景线。那么，中国古代女子穿裙源自何时呢？从史料记载来看，女子穿裙自汉代以后就广泛流行，如汉乐府《孔雀东南飞》中就有"著我绣夹裙，事事四五通"这样的描述。裙子在创制之初并不只是女子穿着，男子也可以穿，

民国时期的短袄、套裙穿戴组合（传世实物）

不过南北朝以后，裙成了女子专属的下装。

中国历代的裙装款式丰富，在形制、色彩、装饰上都独具特色，是中国传统服饰的重要组成部分。古代汉族女子的裙子并不是桶裙，而是制作成一片，穿时从前绕后，在背后交叠。而此时，西南少数民族的女子们却流行穿桶裙，穿时只要往身上一套就好。后来，随着民族交往的不断增加，桶裙渐渐被汉族女子接受，进而在隋唐时出现了笼裙。笼裙花色丰富，多为舞裙，唐代诗人白居易的《见紫薇花忆微之》"一丛暗淡将何比，浅碧笼裙衬紫巾"便提及笼裙。不过笼裙之后，汉族女子仍以单片裙为主。

穿笼裙的唐代妇女（陕西西安王家村唐墓出土三彩陶俑）

在形制上，除了单片裙这一特点，古代的裙装往往会有很大的裙围和很长的裙身。在唐代，多数裙装都是集六幅布帛制成，所以在诗文中，我们能读到"六幅罗裙窣（sū）地""裙拖六幅湘江水"之句，更有甚者，还有七幅、八幅布帛做裙，所以后世将宽大的裙子叫作"湘裙"便是源于此处。与宽博裙子相配的是曳地的裙长，因而有诗人说"行即裙裾扫落梅"。曳地长裙虽然很漂亮，但不便于劳动，因此，女子在劳动时常常将裙子往上撩，并在腰间另外系一根带子，如此一来裙裾就不会拖在地上了，而这也成了束腰裙的滥觞。

长裙曳地的唐代妇女（唐·张萱《捣练图》）

穿长裙的宫女（唐·阎立本《步辇图》）

穿鱼鳞百褶裙的清代妇女（天津杨柳青·清代年画）

裙子是在裳的基础上发展而来的，不同的是腰侧没有开衩，所以女子们在蹲、坐、行走时会感到不便，这时更方便美观的百叠裙出现了。说起这百叠裙的由来据说还和奇女子赵飞燕有关。相传，汉成帝刘骜册封赵飞燕为皇后的当天，帝后二人饮酒作乐，酒酣后两人在花园里散步，突然刮来一阵大风，赵飞燕兴奋地扬起袖子大呼"要成仙了，成仙了……"，像是要御风飞走。汉成帝见状，怕大风真的吹走这美艳的皇后，赶紧令宫人拽住她。等风停后众人发现皇后的衣服上竟然出现了漂亮的褶皱。于是，宫女们后来就特意将裙子弄皱，还为裙子取了一个很美的名字——留仙裙。隋唐以后裙子上就出现了宽窄相同的折裥（jiǎn，衣裙上的褶子），数量则在十个到百个以上。五代以后甚至出现了"百叠""千褶"的裙装，这也是现在"百褶裙"的出处。百褶裙舒适美观，直到明清时仍在女子的衣橱中占有一席之地。

女子裙装颜色丰富，而最受姑娘们喜爱的当属艳红的"石榴裙"。石榴裙是用石榴汁染成的红裙，而有些红裙则是用茜草染成的，因此又称为"茜裙"。红裙长盛不衰，不仅定格在历代绘画大师的笔端，还被众多文人墨客写进了诗中。比如"风卷葡萄带，日照石榴裙""花砖曾立摘花人，窣破罗裙红似火""眉黛夺将萱草色，红裙妒杀石榴花"等。

与红裙相对的是清雅的绿裙。唐代王昌龄的《采莲曲》有云："荷叶罗裙一色裁，芙蓉向脸两边开。"粉色的荷花、绿色的荷叶，还有采莲姑娘粉嫩的脸蛋和翠绿的荷叶裙，真是一幅不可多得的美景。与红裙一样，绿裙也有许多让人听了心旷神怡的名字，比如"碧裙""翠裙""翡翠裙"等。

红裙、绿裙都是纯色裙，古代爱美女子还喜欢将裙子染成"晕色"，晕色就是相近颜色由深到浅的渐变色，俗称"晕裙"。此外，还有一种裙子是由两种以上颜色的布条相隔而成，色彩交错，相映成趣，因此叫"间裙"或"间色裙"。

明清时，裙子的制作工艺达到了更高的水平。女子流行穿两种裙子，其

在中国古代还有一种珍稀至极的裙子——百鸟裙。据《新唐书》记载，有唐朝第一美人之誉的安乐公主曾命宫人用百鸟的羽毛为她制裙，这种裙子很奇妙，从不同角度或在不同的时间观察，裙子的颜色都不一样。百鸟裙一经问世，便有人效仿，结果导致山林中的珍禽遭到了灭顶之灾，后来因为朝廷的禁令着百鸟裙之风才收敛了一些。

中一种为"月华裙"。月华裙是折裥裙的延伸品，通常是用十幅布帛折成十道细裥，每一裥都用一种颜色轻描浅绘，色彩淡雅像月光般清美，故而得名"月华裙"。另一种裙子为"弹墨裙"。弹墨裙多选用浅色布料，之后用纸剪成各种花样，或选取花瓣、树叶放在布料上，再用喷弹法施洒墨色，待墨干后拿走剪纸、树叶、花瓣，这样，美丽的花纹就出现在了布料上。弹墨裙花纹浓重醒目，对比强烈且没有重复，

清代月华裙

深受古代女子们的喜爱。为了追求裙子的美观精致，古人丰富的想象力和精妙的制作工艺真是令人叹为观止啊！

三、从腿裤到有裆裤

（一）"纨绔子弟"与裤子何干

今天我们司空见惯的裤子，不仅穿着方便，还能保暖御寒。不过如果我告诉你古人最初不穿裤子，或者穿无裆裤，你会不会觉得很诧异？那我们今天五花八门的裤子又是怎样发展而来的呢？现在就让我们一起去探究裤子的发展史吧！

齐国有个小偷，为了避人耳目经常披着狗皮偷盗，他的儿子并不知道父

亲的恶行，反而沾沾自喜，向他的小伙伴炫耀说："我爸的皮裘与众不同，还有一条尾巴！"没想到他的小伙伴的爸爸是一个因犯罪而被剁去小腿的人，于是这个小伙伴吹嘘说："我爸爸也很与众不同，他冬天可以不用穿袴（kù）！"袴，是我国历史上最早的裤子，它只到

膝盖以下的部位，穿着时套在小腿上，上面有带子可以绑在腰上。因小腿又被称为"胫（jìng）"，所以古人也称其为"胫衣"。

> 齐有狗盗之子，与刖（yuè，古代的一种酷刑）危子戏而相夸。盗子曰："吾父之裘独有尾。"危子曰："吾父独冬不失袴。"——《韩非子·外储说》

据载，早在商周时，人们已经开始穿袴，但它和现在的裤子大相径庭，古人袴的上面还有遮羞的裳，所以只有"衣""裳""袴"同时穿才不致暴露身体。且在行、跪、坐时还须遵照礼仪规范，比如，休息时不能随意撩起前面的裳，否则就有"暴露狂"的嫌疑；坐时只能跪坐而不能箕踞。

在古代，穷人大多穿不起袴，只能穿裳遮羞。因袴是穿在裳里面，所以普通人家常会用质料较差的麻来制作。但那些豪门巨富则会穿精致洁白的丝绸袴，这种奢侈穿法为人不齿，慢慢地豪门巨富们被冠以了"纨（wán）绔子弟"的称号。在后世的演变中，纨绔子弟成为不学无术、不务正业的贵族子弟的代称，是不折不扣的贬义词。

> 纨，是指精致的细绢。绔，同"袴"。

（二）有裆裤和开裆裤的博弈

看完了袴，相信你对古人的裤子有了初步的了解。最初的袴被称为胫衣，相当于现在的护腿，并不能算完全意义上的裤子。真正意义上的裤子应该是战国时赵武灵王大力倡导"胡服骑射"时出现的。为方便骑射，北方游牧民族的裤子比汉族的要完善得早，战国时已经出现了长裤。为了提高军队的战斗力，赵武灵王推行穿胡人的衣裤，由此长裤在军队里流行起来，并逐渐流传到民间。不过最初的长裤只是在胫衣的基础上加长了裤管，使之到腰部，但裤裆部分不相连，所以还是开裆裤，这种裤子被称为"大袴"或"大裍（shào，指裤裆）"。

穿长裤的男子（南北朝长方形镂空武士相搏纹青铜带饰）

西汉时，宫廷中出现了一种"穷裤"，这种版型的裤子从小腿覆盖到了腰腹，而且还有了前后裆，不过裆仍旧没有缝在一起，而是用多条细带系缚。传说汉昭帝在位时，权臣霍光为了使自己的外孙女上官皇后得到昭帝的专宠，以皇帝身体不适为由提出"禁内"，命令宫中的女子都穿"穷裤"，以阻碍皇帝宠幸其他女子。这种穷裤便成了有裆女裤的滥觞。

汉代时，北方游牧民族的有裆裤便逐渐被汉族百姓接受，和无裆袴平行发展，不过

宋代开裆夹裤（江苏金坛南宋周瑀墓出土）

前者多是贫苦百姓在穿，后者多受权贵的喜爱。为了区别于袴，有裆裤被称为裈（kūn）。裈的裆被缝合，有了遮羞的功能，所以一经推出，便受到了军人及奴仆走卒的欢迎，这些人为了方便就只穿裈而舍弃了围裳。但那些受传统习惯影响的上流社会人士，认为这是低贱之人的穿衣风格，绝不苟同，仍然坚持袴外穿裳。短裈以及更短的犊鼻裈就更为贵族或士大夫们所不屑了。

穿犊鼻裈的男子（元·赵孟頫《浴马图》）

犊鼻裈上宽下窄，很是短小，和今天的三角短裤相似，且它两边开口，看起来就像牛鼻子一样，故而得名"犊鼻裈"，一般为地位低下的男子在劳作时穿着。说起这犊鼻裈，也有被贵人青睐的时候。相传西汉辞赋大家司马相如和富家女卓文君互生好感，却遭到女方父亲卓王孙的反对，二人私奔到成都，卓王孙气愤不已，断了女儿的供给。司马相如和卓文君为了讨生活，只能卖酒度日，美貌的卓文君负责当垆（lú）卖酒，大才子司马相如则穿着一条犊鼻裈，在大庭广众之下清洗酒器。卓王孙知道后觉得颜面扫地，为了挽回面子只好认了这门亲事。

然而，即使方便的裈出现了，它也没能取代袴的地位，因为古人是通过穿衣打扮来体现身份的，所以代表高贵身份地位的袴直到宋明时期仍然长盛不衰。

（三）日渐寻常的长裤

魏晋南北朝是中国历史上的民族大融合时期，中原百姓受北方少数民族的影响，开始穿起了款式肥大宽松的"大口裤"。穿大口裤的时候，人们上身会穿一种紧身的衣服来搭配，这种紧身的衣服被称为"褶（xí）"，整套

穿长裤的清代妇女（清·吴友如《海上百艳图》）

服装则被称为"裤褶"。裤褶起初被当作军装，专用于军旅，后来传于民间，成为百姓常服。到了唐代，男女都热衷穿长裤，只是有别于魏晋时期，男女裤管都明显收束，显得比较干练，在胡服盛行时更以穿长裤为时尚。长裤发展到明清时，行制已经完善到和现代裤子相似的程度。随着清末西方文化的传入，西裤在中国也大行其道，裤装不再是身份地位的标签，而是寻常可见的穿着了。

穿长裤的唐代男子

绑腿是缠裹在胫部的长条布带，以质地厚实的布帛为之。绑腿由来已久，商周时称作"幅"，因是斜缠于小腿上，又称作"邪幅"，邪通"斜"；汉代以后称作"行縢（yíng）"，意为行走轻便；唐宋时被称作"行缠"；元明时被称作"腿绷"；清代时才被称为"绑腿"，又称"裹腿"，是武士、兵卒等的必备行头。

宋代流行一种名为"膝裤"的胫衣，不同于先秦时的胫衣，膝裤是穿在长裤之外的，男女不分尊卑都喜好穿这种胫衣。到了明清时期，女子们依旧热衷这种"膝裤"的装扮，清代时膝裤又被称为"套裤"，长度已经不限于膝盖以下，有的甚至遮蔽到了大腿，类似于今天的长筒袜，不同的是长筒袜有底，而套裤无底。

穿膝裤的宋代妇女（宋人《杂剧人物图》）

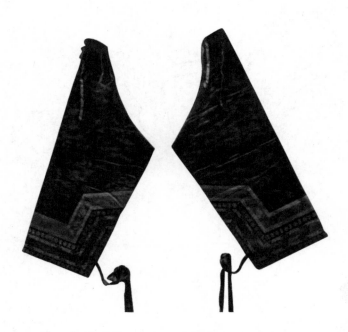

清代品月色福寿三多纹暗花缎镶绦边棉套裤

第五章 鞋袜的故事

一、古人穿鞋的讲究

（一）"郑人买履"告诉我们什么

战国时，有一个郑国人想去买鞋子，于是他事先在家中量了自己脚的尺码，然后把量好的尺码放在了自己的座位上。那人去了集市，却忘了带上量好的尺码。他拿着新鞋子说："我忘了带尺码。"于是又返回家中拿尺码。等到他再返回集市的时候，集市已经散了，最终他没有买到鞋子。有人问他："你为什么不用自己的脚去试试鞋子呢？"那郑国人回答说："我宁可相信量好的尺码，也不相信自己的脚。"这便是"郑人买履（lǚ）"的故事，现在它也是一则成语，常用来比喻做事死板、不会变通的人。

"郑人买履"的故事除了教导我们遇事要懂得变通之外，还告诉了我们关于古代鞋子的两点信息：一是战国时鞋被称为"履"；二是鞋的制作工艺在当时已很完善，鞋已成为集市上的商品。

　　郑人有欲买履者，先自度（duó）其足，而置之其坐。至之市，而忘操之。已得履，乃曰："吾忘持度（dù）！"反归取之。及反，市罢，遂不得履。人曰："何不试之以足？"曰："宁信度，无自信也。"——《韩非子·外储说》

在周代，鞋统称为"屦（jù）"，《周礼》中记载王宫中有"屦人"一职，是专门管理周天子和王后等人鞋子穿着事宜的官吏。战国后，"履"逐渐取代"屦"，成为鞋子的通称，所以在之前的文献记录如《礼记》《诗经》等中提及跟鞋子相关的内容，都是用的"屦"字。在隋唐时，"履"逐渐被"鞋"代替，成为各式鞋履的统称，"鞋"这一名称也一直延续到了现代。

（二）形形色色的鞋头

古人鞋子的取材十分广泛，麻、丝、葛、布、皮、木等都可为之，其中丝履是古代最常见的鞋履。同样，古人的鞋子款式也很丰富，这些款式主要体现在鞋头、鞋跟和鞋底的差异上。鞋头是整个鞋子最为显著的地方，它的款式变化多端，有圆头、方头、歧头、高头、小头、云头、虎头、凤头、雀头等。古代的许多鞋履都是根据鞋头形状来命名的，比如圆头履、凤头履等。那么，不同鞋头的鞋履有什么特殊意义呢？

方头履简称"方履"，又称"平头履"，在西汉以前是身份尊贵之人的象征，如天子、诸侯都穿方头履，而士大夫则穿圆头履。东汉时，女子也穿圆头履，因为圆顺的鞋头代表女子应有顺从的性情。魏晋南北朝时，方履和圆头履都是当时男女钟爱的款式。

隋唐五代时特别流行高头履，而且它的款式很多，有笏（hù）头履、云头履等。笏头履因外形翻卷高翘，形似笏板而得名。隋唐时期，穿笏头履的女子可谓时尚达人了。云头履也是高头履的一种，多以布帛和棕草制成，鞋头较突出，翻卷像云形。这种履男女都可以穿，但在宋代以后，多被男子穿着。隋唐时，高头履之所以比较流行，是因为女子们一般都长裙曳地，高头履的履头会把前面曳地的裙摆勾起来，这样既美观，也不会被自己的长裙子绊倒！

宋代云头履（安徽泗县中国古鞋博物馆藏）

凤头履出现在晋代，本指小头鞋履，因鞋头尖锐像凤首而得名，后来人们干脆在鞋头装饰上凤头，就成了名副其实的凤头履，这种鞋是女人的专属。虎头鞋多用于孩童，鞋头是虎头形状，并用彩线绣出了虎的眼耳鼻口。民间认为穿虎头鞋可以辟邪，因而它在民间长盛不衰。

清代凤头鞋

彩绣虎头鞋（民间实物）

　　古人不只在鞋头上下功夫，在鞋底也做足了文章。古人的鞋底通常用木料、皮革、棕麻或布帛作为原料，通过削制、缝缀、编织而成。在古代众多形制的鞋子中，有一种鞋子与众不同，一般鞋履均为单底，而这种鞋履则为重底，即将鞋底做成双层，上层用皮革或布，下层用木，这种鞋子便是贵族专用于重大祭祀的礼鞋——舄（xì）。在唐代以前，舄不仅用于祭祀，还用于朝会，而在唐之后，祭祀仍然穿舄，朝会则改穿靴。

明代妇女的高底弓鞋（江西南城明益宣王朱翊钤妃孙氏墓出土）

清代高底旗鞋

清代缠足妇女的高底弓鞋（传世实物）

提到鞋履，我们不得不说一说禁锢古代女子千年的缠足陋习。宋代理学思想盛行，这一时期对女子的压抑束缚最为严重，缠足陋习便是自此而始。当时的女子在四五岁时就会被大人用布将双脚紧紧缠裹，使脚畸形变小，直至定型才能松绑，甚至有女子终身缠足，时人多以此为美。直到清朝末年，西风东渐，梁启超、康有为等发起了"天足运动"，为女子们缠了近千年的脚松了绑，这真是大快人心！

（三）五花八门的鞋子

在古代，浅口的鞋子为"履"，鞋底有齿的称为"屐（jī）"。古代路面崎岖不平，对布质的鞋底损伤很大，相比之下，装有木齿的屐就耐磨多了，而且木齿坏了还可以更换。阴雨天最适合穿木屐，因为鞋底高不仅能保持鞋子干燥、干净，并且还能防滑呢。

屐堪为古人的万能鞋，行旅、登山、居家都可穿，而且关于木屐，历史上还留有许多名人佳话呢。相传"春秋五霸"之一的晋文公也和木屐有着一段令人唏嘘的故事。晋文公在未成为晋国国君时曾在外流亡十九年，为了感谢一路追随的臣子，晋文公继位后论功行赏，但唯独忘了当年割肉给自己充饥的介子推。当晋文公终于想起介子推时，他已经带着老母隐居绵山了。晋文公追悔莫及，亲自带人马去求访，介子推想要做一名隐士，因而避而不见，坚决不出山。晋文公在情急之下采取了简单粗暴的方式——放火烧山。不曾想这一行为竟然逼死了忠臣。当晋文公看到紧紧

抱着柳树烧死的介子推母子二人时悲痛欲绝，流着泪砍下一截柳树干，命人制成一双木屐。每当忆起介子推时，晋文公就会哀叹："悲乎，足下！"后来这"足下"一词流传后世，演变成对同辈的敬称。

唐代著名诗人李白曾在《梦留天姥吟留别》中道："脚著谢公屐，身登青云梯。"其中"谢公"指的是东晋时著名的山水诗人谢灵运，"谢公屐"相传便是喜好游山玩水的谢灵运发明的登山屐。谢公屐非常适合登山，上山时拆前齿，只用后齿，下山时拆后齿，保留前齿，以此来保持身体的平衡。除了"谢公屐"，木屐还有别的一些典故。比如，《世说新语》中写晋人王述性格急躁，吃饭时用筷子戳鸡蛋，结果没有戳

四千年前的木屐（浙江宁波慈湖新石器时代晚期遗址出土）

破，于是大发雷霆把鸡蛋扔在了地上，鸡蛋竟然像陀螺一样转个不停；急躁的王述就更来气了，便用木屐齿狠狠地碾压那枚可怜的鸡蛋。另据《晋书》记载，东晋宰相谢安得知前方战事得胜，依然镇定地和客人下棋，但在棋局结束后，他过门槛时竟然激动得忘记抬脚，以至于把屐齿都折断了。这两则故事都说明木屐在晋代已经是人们的居家鞋了。

不过在宋之后，木屐多被男子作为雨鞋穿着。宋代诗人陆游还专门写了一首关于木屐的诗，名为《买屐》，其中有："一雨三日泥，泥乾雨还作。出门每有碍，使我惨不乐。百钱买木屐，日日绕村行。"

三国时期的漆绘木屐（安徽马鞍山东吴朱然妻妾墓出土实物复制品）

穿木屐的男子（南宋《归去来辞书画卷》，现藏于美国波士顿美术馆）

在古代，有一类鞋子叫作"蹻（juē，屫）"，它是用植物茎皮搓成的绳子编制而成的，俗称草鞋，主要取材于芒草、菅草、蒲草等。这种鞋轻便舒适，适合徒步行走时穿，因而连大词人苏轼都说"竹杖芒鞋轻胜马"。除了居家旅行，有种草鞋还是丧履。在古代人们服丧期间要穿菅草这种粗劣的草制成的丧鞋，所以菅草鞋不能外借，这类草鞋因而又得了一个"不借"的异名。

蒲履（唐代新疆吐鲁番阿斯塔那唐墓出土）

蒲草质地细密，能够编织成较为精致的鞋子。史籍记载，秦始皇时期，宫廷中的女子就喜欢穿蒲草制成的鞋子。早期的蒲草鞋是不染色的，后来人们为了美观，通常在编织前把蒲草染色，然后精心编制，甚至还会编一些美如锦绣的纹样。但是，这种染色的草编鞋遇水就容易掉色，为了弥补这一不足，人们还会给鞋子染蜡。蒲草多用于纳凉，因此蒲草鞋还有"凉鞋"之称。

古人不仅有纳凉的草鞋，还有御寒的皮鞋；不仅有祭祀穿的舄，还有平日穿的"鞮（dī）"。 鞮分两种：一种是浅帮的革鞮和韦鞮，不同的是革鞮用生皮革制成，韦鞮用熟皮制成；另一种是包裹到小腿的高帮皮鞋——"络鞮"。

先秦时期，络鞮是北方少数民族常穿的鞋子。战国后络鞮渐渐被汉族人接受，但汉族人改称其为"靴"。引进靴的是赵武灵王，他在引进胡服的同时，把胡人的长筒靴也引进了中原。与浅帮鞋相比，长筒靴更有利于骑马、跋涉草地，而且靴筒高达胫，还有利于腿部的保暖和安全。因此，长筒靴被引进中原后长期用于军队。

隋代时，靴子被朝廷正式采用，成了官吏的常服之一，并采用了长靿（yào，靴或袜子的筒儿）之制。除了在祭祀、朝会等重大场合穿舄外，一般场合都穿皮靴。隋唐时的靴子通常为黑色，靴靿有两种，长款多用于军队，短款多用于民间。唐代女子从来都走在时尚前沿，既然有了靴子，当然不会忘记尝试，也因这一时期的胡舞盛行，所以舞蹈者的靴子深受大家喜爱。

穿靴子的汉代武士
（陕西咸阳杨家湾
汉墓出土彩绘陶俑）

穿靴子的唐代官吏（陕西咸阳乾县唐章怀太子墓壁画）

穿靴子的唐代妇女（唐·张萱《虢国夫人游春图》）

穿短靿彩皮靴的乐伎（河北宣化下八里村辽墓壁画）

自隋唐后，靴子成了最受欢迎的鞋子类型，并演化出不同的形制。比如明代官吏穿的粉底靴。粉底靴是圆头靴，多用皮革、布帛、硬纸或木料等制成厚底，因厚底外面多涂白粉或白漆，故而得名。还有自宋代一直不断改善

的"油靴"，这种靴子用油绢制成，靴底还钉有防滑钉，直到民国时期，
还有人在雨天穿这种带钉的油靴。

明代的高靿靴

二、锦绣罗袜的演变

（一）袜子始末

袜子是今人日常生活中必不可少的足衣，那么古人穿袜子吗？他们称
袜子为什么呢？据说，中国最早的袜
子是兽皮制成的，叫"角韈（wā）"，
这种袜子既不亲肤也不柔软，穿起来
并不舒服，但可以直接着地。如《韩
非子》中有"文王伐崇，至凤黄（凰）虚，
韈系解，因自结"的记载，意思是周
文王征讨崇国时，在凤凰墟手扎袜带。

绛紫绢袜（湖南长沙马王堆一号汉墓出土）

汉代时，已有以绢、麻、织锦等
材料制成的袜子，这时的袜写成"韈（wà）"，此后又演变为"鞸""袜"。
西汉时期的袜子比较朴素，因袜筒宽松且没有弹性，所以袜子都有袜带。东
汉时期的袜子就明显讲究很多，除了有繁复、细致的花纹之外，还依据颜色

的变化绣出了寓意吉祥的文字，比如"延年益寿宜子孙"的字样。此外，在举行宗庙祭祀仪式时，出席的文武百官、皇亲国戚都要穿红色的袜子，以表示对祖先的赤诚之心。

魏晋时期，女子穿的袜子多是绫罗制成，柔软、舒适。故而曹植在《洛神赋》中写道："凌波微步，罗袜生尘。""凌波微步"四字精妙展现了女子步履轻盈、

织有"延年益寿宜子孙"汉字的锦袜（新疆民丰大沙漠一号东汉墓出土）

袅袅婷婷的美好形象，此后，"凌波"便成了女子双足的代名词。隋唐时，袜子愈加精美，特别是彩锦制成的袜子更是受到隋唐女子们的热捧，那时不光隋炀帝的宫人，连唐代的杨贵妃都对五色锦袜青睐有加。而且杨贵妃和五色锦袜还有一段逸闻呢。相传"安史之乱"时，风华绝代的杨玉环自缢于马嵬（wéi）坡后，遗留了一只锦袜，被当地的店家老板娘捡到。于是这老板娘做起了这名满大唐的美女遗物的生意，来到客店的人，只要付百钱就能赏玩贵妃的锦袜。据说慕名而来的客人都争着付钱来亲近贵妃的袜子，老板娘靠着这项

唐代锦袜（新疆吐鲁番阿斯塔那唐墓出土）

生意发了大财！

到了宋代，宋人认为将彩锦袜践踏在脚下实在是奢侈，于是改穿布袜。至元、明、清三代，女袜多以绫罗制成，男袜质料倒是丰富了许多，通常随季节而变。春秋天，男子多穿棉布袜子；寒冷的冬季多穿双层布帛内蓄丝绵的袜子；夏季则会穿细麻或细棉料子的暑袜。据史书记载，商业高度发达的明代，还出现了专门销售袜子的店铺，当时最有名的要数江南松江出产的暑袜。

清代红色纳纱彩绣龙凤缉米珠高靿绵袜

中国服饰浅话

（二）鲜为人知的穿袜礼仪

　　春秋时期，卫国国君宴请大臣们在灵台饮酒，大家正喝得开心时，诸师声子姗姗来迟不说居然还没脱掉自己的袜子，卫君看到很生气。诸师声子赶紧解释说："我脚上生疮，脱了袜子会倒大家胃口，所以才没脱。"卫君还是很生气，于是诸师声子赶紧告辞退下，逃也似的跑了，临走前还听到卫君说："你这小子真没礼貌，居然不脱袜子就进来，让我逮到，非剁了你的脚不可！"为何诸师声子没脱袜子赴宴，卫君就要砍掉他的脚呢？难道卫君是一个暴君吗？其实不然，在古代，穿着袜子是不能随便登堂入室的。

　　在桌椅普遍流行之前，古人大都席地而坐，当然这种坐是前文提过的跪坐。人们无论读书、休息或会见客人都在一张席子上进行，富贵人家还会在大席子上放一张或多张小席子，被称作"重席"。为了保持席子的整洁，凡是登堂

入室前都要把鞋袜脱了，放在门口。脱履上堂是古人的一种生活方式，对于平辈或身份相当的人来说，脱履之后，在室内是否脱袜子，就悉听尊便了。但面对长辈或比自己身份显贵的人，就必须要赤足。所以诸师声子面对卫侯时竟然还穿着袜子，如此就不能区分出君臣之间的差别了，所以卫君发怒也在情理之中。

第六章　华服在异国他乡的绽放

　　精美的华服传承了数千年，还在对外交往中传入他国，漂洋过海的华服与异国文化相融合，又绽放了怎样的精彩呢？

　　日本和服是日本传统文化的留存，而这与中国的汉服就有着很深的渊源。有文献记载，三国时，日本与东吴沿海一带商贸活动频繁，在此期间，日本商人将中国的纺织品及制衣方法传回了本国，因而日本最初的和服是由东吴一带的汉服演变成的。所以在日本的古代史上，和服初时被称为"吴服"。唐朝时，有大批日本遣唐使访华进行交流学习，唐代的服饰风尚也随着遣唐使的回国传入日本。

穿和服的日本女子

　　和服的样式在历史变迁中也略有改变，但依然保留了汉服的典型特点，比如，和服没有衣领，衣袖宽大，上衣与下裳相连，用衣带而不用衣扣等。在千百年的发展历程中，日本人在吸收汉文化的同时，立足本国文化特点，逐渐形成了今天的和服样式。视觉上，和服的线条平直，比之汉唐的服饰，少了些柔和婀娜、飘逸洒脱。

穿和服的日本女子

朝鲜半岛女子的传统服装

毗邻中国的朝鲜、韩国的传统服装与汉服也有着深厚的渊源。据典籍记载，唐代时，国子监里有 200 多名新罗（古代朝鲜半岛的国家之一）留学生，有的还在朝廷做官。随着愈加频繁的文化交流和贸易往来，朝鲜半岛居民的服饰也受到汉服的影响。明朝时，朝鲜半岛上的李氏王朝成为明朝的附属国，全方位吸收学习中国文化，女子服饰深受明代风尚的影响，男子着装则照搬了明代的服饰，后来才逐渐融入本民族的审美和特色。韩国和朝鲜分治后，韩国的传统服装中除了源自西方的马甲和满族的马褂，其他款式均学自汉服。

朝鲜古代男子服饰（李氏朝鲜历代国王存世画像）

李氏朝鲜时期文官服饰

李氏朝鲜时期武官服饰

结　语

在出土文物、诗文、画作和文献等多方面资料的补充下，今天的我们可以看到中国古代服饰呈现出多姿多彩的面貌。繁复多样的衣服和鞋袜、精工细作的配饰和妆容，不仅丰富了古人的生活，更是不同时代礼仪、文化和艺术的具现。但由于篇幅所限，古人琳琅满目的耳饰、颈饰、手饰、腰饰等配饰，以及光怪陆离的酒晕妆、桃花妆、飞霞妆、慵懒妆、悲啼妆等妆容，本书未曾着笔，这些荟萃美丽与智慧的内容作为中国古代服饰文化中不可分离的部分，就留给对服饰有兴趣的朋友做更进一步的研究吧。

服饰从最初的遮体御寒，到渐渐成为一种拥有民族特征的文化，这一发展过程漫长却令人震撼！农耕文化孕育下的汉族人喜欢宽袍大袖，马背上生活的游牧民族更青睐窄袖长裤，在光阴的故事中，汉族文化和少数民族文化一次次相遇、融合。在这一场又一场的文化碰撞中，服饰也呈现出多姿多彩的样貌！梦回大唐的长安都城，你能见到穿胡服的汉人、穿汉服的胡人，他们愉悦地行走在街道上，没人会讥笑奇装异服，反而是用新奇的目光打量，继而是包容与接纳。跳入张择端的《清明上河图》中，你能发现宋代的商业经济果然发达，街角还有卖巾帽的店铺……

但所有的繁华终结在了清末，发展演变了几千年后的华服在此时遭到颠覆！在短短百年的时间里，传承了几千年的长袍衫、短袄襦在近代西方文明的冲击下近乎灰飞烟灭。但尘埃终不能掩盖光芒，后人终会看到，古老文化依旧跳跃着强有力的脉搏。她在等待后人重新诠释，以符合时代节奏的方式来融入现代人的生活！

参考文献

[1] 周汛，高春明. 中国古代服饰大观 [M]. 重庆：重庆出版社，1994.

[2] 高春明. 中国服饰名物考 [M]. 上海：上海文化出版社，2001.

[3] 沈从文，王予. 中国服饰史 [M]. 西安：陕西师范大学出版社，2004.

[4] 沈从文. 中国古代服饰研究 [M]. 上海：上海书店出版社，2002.

[5] 翟文明. 话说中国服饰 [M]. 北京：北京联合出版公司，2012.

[6] 周锡保. 中国古代服饰史 [M]. 北京：中国戏剧出版社，1984.

图书在版编目（CIP）数据

中国服饰浅话 / 北京尚达德国际文化发展中心组编；高春明编著. — 北京：中国人民大学出版社，2017.5
　　（中华传统文化普及丛书）
　　ISBN 978-7-300-23517-2

　　Ⅰ. ①中… Ⅱ. ①北… ②高… Ⅲ. ①服饰文化 – 中国 – 普及读物 Ⅳ. ①TS941.12-49

中国版本图书馆CIP数据核字(2016)第252387号

中华传统文化普及丛书
中国服饰浅话
北京尚达德国际文化发展中心　组编
高春明　编著
Zhongguo Fushi Qianhua

出版发行	中国人民大学出版社				
社　　址	北京中关村大街31号		**邮政编码**	100080	
电　　话	010-62511242（总编室）		010-62511770（质管部）		
	010-82501766（邮购部）		010-62514148（门市部）		
	010-62515195（发行公司）		010-62515275（盗版举报）		
网　　址	http://www.crup.com.cn				
	http://www.ttrnet.com（人大教研网）				
经　　销	新华书店				
印　　刷	北京瑞禾彩色印刷有限公司				
规　　格	185mm×260mm　16开本		**版　　次**	2017年5月第1版	
印　　张	6.25		**印　　次**	2017年5月第1次印刷	
字　　数	88 000		**定　　价**	28.00元	